Thomas Abraham

Princípios e Práticas da Agronomia da Irrigação

Thomas Abraham

Princípios e Práticas da Agronomia da Irrigação

ScienciaScripts

Imprint

Any brand names and product names mentioned in this book are subject to trademark, brand or patent protection and are trademarks or registered trademarks of their respective holders. The use of brand names, product names, common names, trade names, product descriptions etc. even without a particular marking in this work is in no way to be construed to mean that such names may be regarded as unrestricted in respect of trademark and brand protection legislation and could thus be used by anyone.

Cover image: www.ingimage.com

This book is a translation from the original published under ISBN 978-3-330-33056-6.

Publisher:
Sciencia Scripts
is a trademark of
Dodo Books Indian Ocean Ltd., member of the OmniScriptum S.R.L Publishing group
str. A.Russo 15, of. 61, Chisinau-2068, Republic of Moldova Europe
Printed at: see last page
ISBN: 978-620-0-86574-8

PREFÁCIO

Este livro "Principles and Practices of Irrigation Agronomy" será útil para estudantes de irrigação, agronomia, engenharia agrícola, cientistas, agrônomos, engenheiros agrônomos, engenheiros de irrigação, profissionais de desenvolvimento e profissionais que trabalham em campos aliados. Com a população mundial a aumentar a um ritmo alarmante, haverá um aumento substancial da procura de alimentos, forragens e fibras no futuro. Pessoas com conhecimentos e habilidades em agronomia de irrigação terão boa demanda para encontrar soluções para os problemas de terras improdutivas devido à falta de irrigação e práticas agronômicas inadequadas. Terras improdutivas e áridas tornar-se-ão substancialmente produtivas com a agronomia da irrigação. A produtividade das terras que actualmente produzem culturas sob precipitação natural pode ser aumentada consideravelmente com a irrigação. O investimento de capital necessário para tornar as terras produtivas com irrigação em todo o mundo será muito superior às áreas actualmente irrigadas. Os canais de irrigação mais longos, os sistemas de irrigação mais eficazes, os maiores reservatórios de água, deverão ser construídos nos próximos anos. Com o aumento constante da população e da insegurança alimentar, a procura de instalações de irrigação adicionais irá aumentar rapidamente.

Embora a edição tenha sido feita com cuidado, alguns erros podem ainda estar presentes neste livro. Sugestões, comentários e correcções dos leitores são bem-vindos para melhorar esta publicação na próxima edição.

SOBRE O AUTOR

Dr. Thomas Abraham (Ph.D. , M.Sc. Agronomy, NET, P.G. Dip. in Management)

O Dr. Thomas Abraham trabalha como Professor Associado no Departamento de Ciências Vegetais, Universidade de Ambo, Etiópia. Possui doutoramento em Agronomia e tem um Teste de Elegibilidade Nacional (NET) qualificado em Agronomia conduzido pelo Conselho de Recrutamento de Cientistas Agrónomos do Conselho Indiano de Investigação Agrícola reconhecido pela UGC / CSIR. Tem mais de quinze anos de experiência no ensino, investigação e desenvolvimento, desenvolvimento de projectos e implementação em organizações líderes incluindo a Ambo University, Haramaya University, Hindustan Unilever Ltd., Amity University, AC Neilson ORG MARG, Global Agri Systems Ltd. etc. Formulou, implementou, monitorizou e avaliou projectos de irrigação, gestão de bacias hidrográficas, agricultura, Programa de Desenvolvimento Hortícola Integrado e desenvolvimento comunitário nos vários estados da Índia, tais como Uttar Pradesh, Madhya Pradesh, Haryana, Punjab, Gujarat, Kerala, Andhra Pradesh, Tamil Nadu, Uttrarakh e etc. Publicou mais de doze publicações internacionais de investigação.

Índice

Capítulo-1 Introdução à Irrigação

A irrigação é definida como a aplicação artificial de água na zona radicular da cultura, a fim de fornecer a humidade essencial para a produção da cultura. A água é fornecida para complementar a água disponível recebida das chuvas e a humidade do solo das águas subterrâneas. Por outras palavras, é também a aplicação de água no solo para ajudar na produção das culturas, especialmente em períodos de stress. Uma definição mais extensa e abrangente de irrigação é a aplicação de água no solo para os seguintes fins:

1) Fornecer água ao solo para dar a humidade essencial para a agricultura;

2) Para proteger a cultura da seca;

3) Arrefecer a atmosfera e o solo e, consequentemente, criar um ambiente mais encorajador para a produção agrícola;

4) Para atenuar ou lavar os sais no solo;

5) Para minimizar os riscos de geadas;

6) Amolecer as panelas duras do solo.

A eficiência da rega é a razão expressa em percentagem da água armazenada na zona radicular da profundidade do solo em relação à água fornecida no campo a partir da fonte de abastecimento de água. O período de rega é o número de dias que podem ser permitidos para aplicar uma irrigação numa determinada área de projecto durante o período de pico de consumo da cultura que está a ser irrigada. É significativo para a concepção da capacidade de um projecto de irrigação.

A agronomia é definida como o ramo da agricultura que se ocupa da produção vegetal, da gestão dos solos e da água. É também a aplicação de princípios científicos à arte da produção vegetal. A palavra agronomia deriva da palavra grega "agros", que significa campos, e "nomos", que significa gestão. A eficiência agronómica é a unidade de cultura produzida por unidade de input (água, nutrientes, sementes, etc.) adicionada.

Por conseguinte, a agronomia da irrigação é vital para aumentar a produtividade das culturas e garantir a segurança alimentar de uma população cada vez mais numerosa a nível mundial. Dado que a produção alimentar necessária para alimentar uma população cada vez maior é uma tarefa hercúlea para as nações em desenvolvimento e subdesenvolvidas, a maximização da produção agrícola através da gestão da irrigação desempenha um papel fulcral na consecução da segurança alimentar nesses países.

A área irrigada tem vindo a aumentar constantemente a nível mundial; em 1949, a área total estimada de irrigação no mundo era de 106 milhões de hectares, enquanto em 1974 a estimativa era de 234 milhões de hectares. A par da introdução de novas terras na produção, a produtividade das terras agrícolas existentes deve ser aumentada através da ampliação das instalações de irrigação e da melhoria dos sistemas de irrigação existentes que funcionam com menor eficiência.

Embora existam condições agro-climáticas favoráveis para a produção vegetal em muitos países em desenvolvimento e subdesenvolvidos, devido à escassez de instalações de irrigação, estas não são capazes de aumentar a produção alimentar e a produtividade das culturas para o nível exigido. A água está a tornar-se um recurso assustador a nível mundial; a sua utilização mais eficiente é essencial para a sobrevivência da população em constante crescimento. Esta situação precária está a obrigar à formulação de investigação para técnicas de irrigação eficientes e ao desenvolvimento de águas subterrâneas através da captação de águas pluviais e da conservação da água através da gestão das bacias hidrográficas. Assim, a captação de águas pluviais e a conservação da água através de práticas agronómicas adequadas; as barragens de controlo e os feixes de desvio são vitais para aumentar a produtividade do solo.

A irrigação é a necessidade da hora para uma necessidade cada vez maior de produção de culturas e insegurança alimentar para a população mundial que cresce de forma alarmante. É essencial desenvolver uma estratégia global para a conservação e utilização eficiente dos nossos recursos hídricos. Para a estratégia, vários factores devem ser considerados, tais como a fonte de água, qualidade da água, localização, distribuição, condições agro-climáticas, propriedades físicas e químicas do solo, estatuto socioeconómico da sociedade e procura de água. O objectivo é maximizar a produção das culturas por unidade de volume de água utilizada, por unidade de superfície de terra cultivada, por unidade de tempo e, assim, aumentar a eficiência da utilização da água e garantir a segurança alimentar.

A agronomia da rega oferece garantias contra as alterações climáticas e é posterior aos efeitos das variações na produção alimentar. Uma gestão eficaz dos recursos hídricos e da irrigação é a melhor forma de aumentar a rentabilidade e a produtividade na agricultura.

Em várias partes do mundo, a cessação tardia e precoce das monções constitui um obstáculo importante para a produção agrícola. A quantidade de precipitação recebida não é adequada para satisfazer as necessidades de humidade das culturas e a agronomia de irrigação é essencial para a produção vegetal. Uma utilização eficiente dos recursos hídricos para uma produção agrícola óptima e uma política integrada de gestão dos recursos hídricos deverão satisfazer as crescentes exigências da indústria, do consumo humano e animal, da produção de energia hidroeléctrica, da navegação e do lazer.

1. 2. Âmbito de aplicação da Agronomia de Rega

A agronomia de rega não se limita à aplicação artificial de água no solo. O âmbito da agronomia de rega estende-se desde a bacia hidrográfica até à terra cultivada e até ao canal de drenagem. A bacia hidrográfica que fornece a água de rega, a passagem do riacho, a gestão e distribuição da água e os problemas de drenagem decorrentes da rega são da responsabilidade de um agrónomo de rega. Avaliar e gerir uma parte de um sistema de rega sem considerar os seus outros componentes levará a uma concepção deficiente e a um planeamento inadequado.

Os recursos hídricos e características como a natureza da vegetação e a capacidade de retenção dos solos e subsolos, são cruciais na sua influência sobre o rendimento da água de rega. Do mesmo modo, as características do ribeiro que transporta a água são importantes. A gestão do ribeiro, as estruturas de desvio nele construídas e as medidas correctivas para reduzir as perdas de infiltração e a utilização consumida apenas do ribeiro e dos canais revestem-se frequentemente de importância. As estruturas de desvio, os dispositivos de medição e os canais de transporte são importantes. A concepção do sistema de rega na exploração, o método de controlo e a disposição do excesso e do desperdício de água têm também um significado vital.

A disposição eficaz do excesso de água, caso ocorra durante a irrigação, tem igual importância na agronomia da irrigação. Muitas vezes os projectos de irrigação são concebidos sem preparação adequada para a utilização de águas residuais. Muitas vezes a água é desnecessariamente perdida no transporte e pelo excesso de irrigação. Tanto as águas residuais superficiais como subterrâneas devem ser utilizadas em terrenos mais baixos do projecto ou bombeadas para terrenos mais altos para reutilização. A concepção de sistemas de drenagem superficial e subterrânea é de importância vital para aumentar a produtividade das áreas irrigadas.

Os problemas de drenagem surgem com uma concepção defeituosa da rega. Muitas vezes acontecem problemas de superfície e sub-superfície. Estes problemas devem ser antecipados e as suas consequências devem ser incluídas no planeamento e concepção da agronomia da rega.

1.3 Perspectivas Futuras da Agronomia da Irrigação

Com a população mundial a aumentar a um ritmo alarmante, haverá uma enorme procura de alimentos e fibras no futuro. As pessoas com conhecimentos e competências em agronomia de irrigação terão uma boa procura para encontrar soluções para os problemas de segurança alimentar mundial. As terras improdutivas e áridas tornar-se-ão altamente produtivas com a agronomia da irrigação. A produtividade das terras que agora produzem culturas sob chuva natural pode ser aumentada consideravelmente através da aplicação de irrigação. O investimento de capital necessário para recuperar as terras restantes a nível mundial excederá em muito as áreas de investimento actualmente em irrigação. Nos próximos anos deverão ser construídos os canais de irrigação mais longos, os maiores reservatórios de água e os túneis e sifões invertidos mais caros. Com o aumento constante da população e da insegurança alimentar, a procura de instalações de irrigação adicionais irá também aumentar rapidamente.

1.4   Economia da agronomia de rega

A economia é vital na avaliação das práticas agronómicas de irrigação, especialmente quando a irrigação agronómica tem como principal objectivo o aumento da produtividade e da rentabilidade da exploração agrícola. Maiores lucros obtidos pelo produtor resultantes de uma produção mais eficiente resultarão, em última análise, em preços mais baixos para os consumidores, e preços mais baixos resultarão em mais consumo de alimentos e segurança alimentar, o que, por sua vez, resultará em níveis de vida mais elevados para as pessoas. Assim, os projectos agronómicos de irrigação trazem desenvolvimento global e fazem do mundo um lugar melhor para se viver.

1.5   Fontes de água de rega

A água de rega, que é utilizada para fornecer a humidade essencial para a produção agrícola, pode provir das seguintes fontes, desempenhando cada uma delas um papel vital na estimativa das necessidades de água de rega:

1. Precipitação

2. Águas atmosféricas que não a pluviosidade

3. Águas subterrâneas

4. Irrigação

5. Água das cheias

A fonte de água de irrigação e a proporção de água que cada fonte fornece às necessidades totais das plantas devem ser tomadas em consideração no planeamento e concepção de um sistema de irrigação. Em muitas áreas, uma das cinco fontes pode fornecer a maior parte das necessidades das plantas, enquanto noutras áreas, duas ou mais fontes contribuirão com quantidades substanciais de água para o crescimento das plantas.

Os tipos de irrigação referem-se aos vários métodos através dos quais a água é aplicada no campo de cultivo. Uma quantidade suficiente de água aplicada da forma mais eficaz é vital para o crescimento das plantas. Durante os períodos de seca, as plantas devem receber água adicional da irrigação. Podem ser utilizados vários métodos para fornecer água de irrigação às plantas e cada método tem as suas vantagens e desvantagens. Estas vantagens devem ser tidas em conta na escolha do método que melhor se adapte às circunstâncias locais. O método de irrigação a escolher para uma dada situação depende do tipo de solo, das condições climáticas, da origem dos recursos hídricos, das características do terreno, das culturas e das suas características fisiológicas, etc. A principal razão para a utilização de um determinado método de irrigação é utilizar o mínimo de água possível e obter a máxima produtividade da cultura. Assim, é também importante conceber o sistema de irrigação para obter a máxima eficiência na utilização da água.

Vários tipos de irrigação estão amplamente agrupados em quatro:
1. Rega por superfície ou por gravidade
2. Subsuperfície ou sub-irrigação
3. Irrigação por gotejamento ou gota-a-gota
4. Rega por aspersão ou irrigação suspensa.

2.1 Rega de superfície

A irrigação de superfície é o tipo de irrigação em que a água é aplicada à superfície do solo e a água corre por gravidade através de sulcos, faixas ou bacias. Neste tipo, normalmente a água é aplicada a partir de um canal localizado no alcance superior do campo. No entanto, a perda de água por transporte e percolação profunda é elevada e a eficiência da irrigação é de apenas 40-50% a nível do campo no método de irrigação de superfície. Portanto, sistemas de distribuição de água devidamente construídos para dar controle suficiente de água aos campos e uma preparação eficaz do terreno para permitir uma distribuição uniforme da água sobre o campo são muito importantes para melhorar a eficiência da utilização da água na irrigação de superfície.

Os três tipos comuns de irrigação de superfície são:
1. Irrigação fronteiriça
2. Irrigação de bacias hidrográficas
3. Irrigação por sulcos

2.1.1 Rega de fronteira

Na rega de fronteira, são feitas várias cristas paralelas para guiar uma folha de água corrente quando a água se desloca pela encosta abaixo. Neste tipo de irrigação, o campo é dividido em muitas longas faixas paralelas chamadas bordas que são separadas por cristas baixas. A superfície do campo deve ser uniforme, sobre a qual a água pode fluir pela encosta abaixo com uma profundidade quase uniforme. Cada faixa é irrigada de forma independente, girando um fluxo de água na extremidade superior. A água espalha-se e desce a faixa numa fina folha. A água desloca-se para a extremidade inferior sem que a erosão do solo cubra toda a largura da borda. Assim, é fornecida humidade suficiente ao solo em toda a extensão da borda. É um método de irrigação em que uma grande quantidade de água é aplicada numa borda ou baía definida no topo do campo e guiada pelas bordas que descem pela encosta, num padrão uniforme de molhagem até à extremidade do campo. O método de irrigação de borda é adequado para a maioria dos solos, sendo mais adequado para solos com taxas de infiltração moderadamente baixas a elevadas. No entanto, não é adequado para solos com textura arenosa e argilosa.

Existem "faixas de fronteira" na irrigação fronteiriça, que é uma área de campo ladeada por dois cordões de fronteira, diques ou valas (canais). Estas valas guiam o fluxo de água desde o ponto em que a água é aplicada até às extremidades da faixa. Uma vala é utilizada como divisória entre as faixas individuais neste sistema. A vala transporta água de rega que é aplicada em diferentes locais ao longo de todo o comprimento do campo. O sistema de dique fronteiriço utiliza diques em ambos os lados da faixa e a água de rega é aplicada apenas na extremidade superior da faixa.

A irrigação de borda graduada é um tipo de sistema de irrigação em que a inundação superficial controlada é utilizada para irrigar o campo. O campo, que deve ser irrigado, é dividido em faixas de largura e grau uniformes por diques paralelos ou canteiros de fronteira. Em seguida, cada faixa é irrigada uma após a outra. A água é aplicada primeiro numa das extremidades e progressivamente em toda a faixa. As bordas (faixas de bordadura) inclinam-se no sentido da irrigação e as extremidades são normalmente abertas. Cada faixa é irrigada desviando um fluxo de água para a borda na extremidade superior. A dimensão do regadio deve ser tal que o volume de água desejado seja aplicado à faixa de cada vez igual ou ligeiramente inferior ao necessário para que o solo absorva a quantidade líquida de rega necessária. Quando o volume de água desejado tiver sido entregue na faixa, o fluxo é desligado. A água armazenada na superfície do solo desce a faixa para completar a rega. Um riacho muito grande resulta em irrigação inadequada na extremidade superior da faixa e, muitas vezes, em escoamento superficial exessivo na extremidade inferior. Enquanto que, se o riacho for muito pequeno, a extremidade inferior da faixa é irrigada de forma inadequada e a extremidade superior tem uma percolação excessiva e profunda.

A eficiência de aplicação da irrigação de fronteira pode ser consideravelmente melhorada reduzindo o tempo de corte de 150 para 100 minutos. O tempo de corte a ser adoptado depende da quantidade de sub irrigação que o projectista permite que ocorra no seu desenho. A segunda forma de aumentar a eficiência é reduzir a taxa de influxo.

No método de irrigação de fronteira, as questões de concepção na irrigação de fronteira têm geralmente a ver com a procura da combinação óptima das variáveis de concepção, nomeadamente, o comprimento, a taxa de fluxo e o tempo de corte. Outra variável importante é a inclinação do campo. No entanto, na irrigação de fronteira, haverá um escoamento superficial. A situação existente pode colocar restrições a uma ou mais destas variáveis.

2.1.1.1 Concepção das fronteiras

O projeto do sistema de irrigação de borda deve ser feito por conveniência (conjuntos de 12 ou 24 horas) para conservar o máximo de água e mão-de-obra durante a estação de irrigação. Isto também beneficia a cultura por não permitir longos e lentos conjuntos de irrigação que muitas vezes são contraproducentes para uma resposta de irrigação.

Muitas vezes, os conjuntos de 12 horas não são os mais eficientes para encaixar um número uniforme de fronteiras num campo. Se for mais conveniente de acordo com as situações, ou se se adaptar melhor ao campo, utilize conjuntos de 24 horas. Excepcionalmente, não são recomendados tempos de irrigação superiores a 24 horas; contudo, a investigação mostra que 48 horas é o tempo máximo estabelecido para a irrigação da soja por inundação.

Em geral, não tem havido tanta variabilidade de caudal versus declive nos solos argilosos fissurados, mas pode fazer diferença nos solos que apresentam crosta e não racham. Os solos fissurados molham as fissuras muito antes da frente de molhagem da água na superfície; isto indica que as fissuras estão a dar algumas características de inclinação acrescidas que não aparecem numa superfície lisa do solo. Além disso, o tipo de solo, especialmente a taxa de entrada, faz provavelmente a maior diferença na taxa de avanço e no tempo total para fazer passar a água pelo campo. Se a taxa de entrada for elevada, então a água mover-se-á lentamente através do campo. Fazer passar a água em horários convenientes de 12 ou 24 horas tem a maior vantagem, uma vez que estes conjuntos são mais fáceis de mudar e são muito mais eficientes. É importante manter notas de campo de ano para ano sobre um determinado campo.

Outro método para conceber a dimensão da fronteira é calcular a quantidade de água necessária para preencher o perfil e as perdas por hectare. Trata-se de um equilíbrio de volume baseado na oferta e procura de água do solo e nas perdas por escorrimento.

2.1.1.2 Construção Levee Fronteiriça

Normalmente, os agricultores utilizam alguma forma de um hipper de uma só linha para construir as fronteiras. Uma ou duas passagens com o hipper dão diferença de altura suficiente para conter a água no canal. Apenas uma ligeira diferença de altura de 2 a 3 polegadas, desde o topo de um dique de fronteira estabelecido até ao topo do nível do solo plantado, é necessária para guiar a água para baixo da baía. As bordas não são enterradas até ao fim do campo; fazer as bordas curtas do fim do campo para deixar aberta qualquer drenagem no fundo do campo. A maioria dos agricultores está a colocar o dique fronteiriço nos carris das rodas, uma vez que estes carris não são frequentemente plantados. Também é possível utilizar uma charrua de nivelamento; no entanto, esta é muito mais alta e larga do que é necessário, destruindo a área de produção. O hipper retira no máximo uma fileira de feijão ou uma área de 30 polegadas de largura, enquanto que um dique de arroz normal retira cerca de 3 metros de fileira.

No que diz respeito à instalação de diques de fronteira ou fronteiras, pode ser feita quase sempre durante a época de crescimento. Pode ser instalado cedo, antes da plantação, logo após a plantação, após a emergência, ou imediatamente antes da necessidade de irrigação. Se as bordas forem instaladas suficientemente cedo, o campo é instalado para irrigar sempre que for necessário. Se as bordas forem instaladas demasiado tarde, a vegetação vegetal pode tornar-se um problema. As bordas são deixadas em todas as estações e normalmente derretem ou assentam o suficiente e não impedem a colheita. Geralmente, os agricultores fazem a colheita com as bordas ainda no campo e, em seguida, as práticas agronómicas no campo descem como uma única unidade.

2.1.1.3 Sistema de distribuição de água para baías

Os agricultores têm muitas formas de levar água da nascente até às fronteiras. É ideal para entrar água numa fronteira com várias entradas através da parte superior do que para descarregar toda a água num único local no topo da fronteira. As múltiplas entradas dão mais uniformidade de cobertura e vantagem do que um único sistema de entrada.

As calhas podem ser utilizadas como sistema de transporte e sistema de admissão para irrigação fronteiriça. Uma opção é construir a calha no topo do campo e mover a água para a extremidade mais afastada da calha. Depois são feitas várias aberturas na calha para regar a borda; se a borda seguinte for irrigada, a calha é represada com uma retroescavadora e são feitas novas aberturas na calha no topo da borda a regar. Neste método, é necessário que as calhas sejam reconstruídas ou reparadas quando cada rega estiver concluída.

Se o campo for mais estreito, construir uma calha de grau zero e instalar portões de arroz como entradas para cada fronteira. É aconselhável utilizar um mínimo de três comportas por baía com um espaçamento máximo de 50 a 75 pés. Se for utilizada uma calha de grau zero, torná-la suficientemente larga para que um tractor corra no seu interior para pulverizar erva e ervas daninhas. Também é necessário ter diques mais altos mais próximos do poço para evitar que a calha se sobreponha.

A regra geral para a instalação de portões para um conjunto de 12 horas num campo de 400 metros de comprimento é um espaçamento de cerca de 15 pés; para um conjunto de 800 metros e 12 horas, os portões devem ter um espaçamento de cerca de 7,5 pés. No caso de conjuntos de 24 horas, o espaçamento é de metade do tempo de um conjunto de 12 horas. É preferível utilizar um tubo de tubo de aço inoxidável, abrindo todos os portões numa borda ou portões em número suficiente para que toda a água entre na baía de uma vez sem lavar grandes furos no solo junto ao tubo. Os portões de duas polegadas em tubo fechado entregam, em média, 25 a 30 gpm cada um.

2.1.1.4 Vantagens da irrigação de fronteira

O sistema de fronteira apresenta várias vantagens em relação aos métodos convencionais, como as práticas de irrigação por inundação utilizadas no feijão, especialmente num sistema de cultivo em que o feijão segue o arroz. A vantagem mais importante é que se pode irrigar o feijão ou outras culturas muito mais cedo, sem receio de submersão. A irrigação fronteiriça é menos intensiva em termos de mão-de-obra em comparação com o sistema convencional de irrigação por inundação. As bordas não têm que ser lavradas após uma irrigação; elas podem ser retiradas após a última irrigação, mas de preferência após a colheita com lavoura regular do campo, reduzindo assim o custo de mão-de-obra. Com uma mecanização, projeto e manutenção adequada do sistema, a mão-de-obra pode ser reduzida ainda mais.

Além disso, a drenagem não é bloqueada no campo devido aos diques transversais ou dos diques que se encontram no fundo do campo, uma vez que os diques fronteiriços não são construídos completamente até à parte baixa do campo. Além disso, a direcção das filas não é um factor de eficácia das bordas, pelo que as filas podem correr com o declive ou através do declive e não impedem o movimento da água ou a uniformidade na distribuição da água. Os outros benefícios da irrigação fronteiriça incluem:

- ➤ As bordas graduadas são uma boa opção a utilizar em rotação com outros métodos e sistemas de aplicação de água, incluindo os sistemas de rega por aspersão e de rega por sulcos.
- ➤ Podem ser utilizadas águas de rega com cargas de sedimentos em suspensão relativamente elevadas, ao passo que tais sedimentos não são possíveis nas regas por gotejamento ou por aspersão.

➢ Com uma concepção e gestão eficazes dos sistemas de fronteira graduados, é possível obter eficiências de aplicação relativamente elevadas em solos com uma taxa de colheita média.

2.1.1.5Desvantagens da irrigação fronteiriça

Na irrigação fronteiriça, o sistema de distribuição de água deve ser instalado em todo o topo do campo, em vez de um ponto de entrada, como é feito com a maioria dos sistemas de irrigação por inundação. Não funciona tão bem com um campo com declives laterais (diques de contorno) porque as bordas devem ser mais estreitas e os diques de contorno devem ser mais altos para conter a água do lado baixo da fronteira.

A distribuição de água não é tão boa como nos campos com declives laterais devido à tendência para o empilhamento de água no lado baixo da baía de regadio. Além disso, os tempos de rega podem variar, dependendo do tipo de solo, da fase de crescimento da planta e dos níveis de humidade do solo. A irrigação fronteiriça não pode ser utilizada como um substituto para sulcos ou culturas irrigadas em linha ou em canteiros. As outras desvantagens deste método de irrigação incluem:

➢ O solo deve ter profundidade suficiente após o nivelamento das terras para o cultivo das culturas.

➢ É necessária uma topografia relativamente uniforme para fazer o nivelamento do terreno necessário.

➢ A faixa de fronteira não deve ter declive transversal.

➢ É necessário um nível moderado de capacidade de irrigação e de gestão para operar o método de irrigação de fronteira.

2.1.2Regação de Bacias

O método de irrigação por bacia é utilizado principalmente em pomares. Neste método, as bacias são feitas em torno da planta para irrigar.

Geralmente, as bacias redondas são feitas para árvores pequenas e a bacia quadrada para árvores grandes. Estas bacias permitem a captação de mais água, uma vez que as zonas radiculares das plantas de pomar são normalmente muito profundas. Em seguida, cada bacia é inundada e a água é autorizada a infiltrar-se no solo. De acordo com o tipo de cultura e de solo, podem ser necessários cerca de 5-10 cm de profundidade de água para cada rega. Mesmo a mão-de-obra não qualificada pode ser utilizada para o método de bacia, uma vez que não há risco de erosão do solo e da água. No entanto, neste método há dificuldades na utilização de maquinaria moderna e é também intensiva em mão-de-obra.

A irrigação de bacias tem sido historicamente utilizada em pequenos terrenos com superfícies planas, rodeados por margens de terra onde a água é aplicada rapidamente em toda a bacia e é permitida a infiltração. As bacias próximas podem ser ligadas sequencialmente de modo a que a drenagem de uma bacia seja desviada para a seguinte, uma vez satisfeito o défice hídrico desejado do solo. Uma bacia do tipo "fechada" é aquela em que não é drenada água da bacia. Os campos estão preparados para seguir os contornos naturais do terreno, mas a introdução do nivelamento por laser e da classificação do terreno permitiu a construção de grandes bacias rectangulares que são mais adequadas para o cultivo mecanizado.

A concepção da bacia e a sua dimensão é determinada por factores como a taxa de fluxo do abastecimento de água, as características de infiltração do solo e a capacidade de retenção de água no solo. A qualidade da água também não constitui uma restrição no caso da irrigação de bacia, uma vez que certas águas de qualidade marginal não são utilizáveis noutros métodos de irrigação. Quando bem concebidos e geridos, os sistemas de bacias hidrográficas planas podem resultar numa elevada uniformidade de distribuição e numa elevada eficiência global de aplicação. É possível uma eficiência de aplicação de até 90% para eventos individuais de irrigação no método de irrigação por bacia.

2.1.2.1 Culturasreutilizáveis para irrigação de bacias

A irrigação por bacia é a mais adequada para várias culturas arvenses. Como o arroz cresce bem quando as suas raízes estão submersas em água, a irrigação por bacia é o melhor método a utilizar para esta cultura. Outras culturas, que são adequadas para a irrigação por bacia, incluem:

> Alfalfa, trevo;

> Banana, Citrus;

> Culturas que são difundidas, tais como os cereais,

> Em certa medida, culturas cultivadas em linhas como o tabaco.

No entanto, a irrigação por bacia não é geralmente adequada para culturas que não podem ficar em condições húmidas ou inundadas durante períodos superiores a 24 horas. Estas culturas são culturas de raízes e tubérculos, como a batata, a mandioca, a beterraba e a cenoura, que requerem solos soltos e bem drenados.

2.1.2.2 Encostas terrestres mais adequadas

É mais fácil construir bacias, quando o campo de cultivo é mais plano. Em geral, em terrenos planos, podem ser necessários apenas alguns pequenos nivelamentos para obter bacias planas. Além disso, é igualmente possível construir bacias em terrenos inclinados, mesmo quando o declive é bastante acentuado. A construção de bacias como os degraus de uma escadaria, nestes casos denomina-se terraços.

2.1.2.3 Solos mais adequados

Os solos mais adequados para a irrigação de bacias hidrográficas dependem principalmente da cultura cultivada. O arroz é melhor cultivado em solos argilosos, que são geralmente impermeáveis, uma vez que as perdas de percolação são baixas. O arroz também pode ser cultivado em solos arenosos, mas as perdas de percolação serão elevadas, a menos que seja possível manter um lençol de água elevada.

Embora a maioria das outras culturas possa ser cultivada em argila, os solos argilosos são preferidos para a irrigação de bacias hidrográficas, para que se possa parar o corte de água. As areias grosseiras não são normalmente preferidas para irrigação de bacias, devido à elevada taxa de infiltração e, consequentemente, às elevadas perdas de percolação. Além disso, os solos que formam uma crosta dura quando secos (capping) não são adequados.

2.1.2.4 Benefícios da irrigação de bacias hidrográficas

> A lixiviação de sais com irrigação de bacia em soro fisiológico, sódico e outros iões tóxicos é mais fácil do que com outros métodos de irrigação.

> Os sistemas de irrigação de bacias hidrográficas são os mais fáceis de gerir.

> Minimiza as perdas de percolação profundas e, por conseguinte, são atingidas elevadas eficiências de aplicação, em sistemas de irrigação de bacias hidrográficas eficazmente concebidos e geridos.

> A uniformidade na distribuição pode ser muito melhorada em relação a outros sistemas de irrigação.

> As perdas por escoamento são mínimas, excepto no caso do arroz, em que o caudal é utilizado para manter a elevação desejada da superfície da água.

> A água infiltra-se uniformemente, reduzindo assim os sais residuais que muitas vezes predominam com a irrigação de fronteiras graduais.

> A perda de água da chuva é nominal, pelo que também pode ser utilizada para lixiviação.

> Vantagem de aplicações relativamente leves de água.

- A mecanização do sistema é possível.
- Quando existem grandes cursos de água e são utilizadas estruturas adequadas de controlo da água, podem ser irrigadas grandes áreas de 10 a 40 hectares.
- Os campos podem ser cultivados utilizando grandes máquinas sem qualquer interrupção das linhas de tubagem, como na rega por aspersão ou gota-a-gota.
- Aumento da produtividade devido à aplicação de quantidades mais uniformes de água.
- A distribuição uniforme da água resulta numa melhor germinação e num melhor ambiente vegetal.
- A lixiviação dos nutrientes vegetais é controlada.
- A quantidade de água aplicada, pode ser controlada directamente com o relógio de ponto
portões, tanto na vala da cabeça como na(s) viragem(ões) para uma bacia.

2.1.2.5 Desvantagens da irrigação por bacia

- É necessária uma grande quantidade de água para irrigação.
- Com caudais relativamente grandes, os dispositivos de controlo de portas eléctricas podem exigir uma potência de 110 volts ou uma ou mais baterias grandes, o que aumenta o custo.
- O conhecimento do volume e do tempo de aplicação necessários é muito importante quando se utiliza esta irrigação.
o pode funcionar, pelo que a mão-de-obra não qualificada não pode funcionar.

2.1.2.6 Disposiçãoe construção da bacia

Disposição e construção da bacia, incluindo a forma e dimensões das bacias e dos feixes. A forma da bacia depende principalmente das culturas, pode ser quadrada, rectangular ou irregular e a dimensão da bacia pode ser de 10, 100, 1000 ou 10000 ^{m2}.

2.1.2.7 Forma e dimensão da bacia

A forma e dimensão das bacias são normalmente determinadas pelo tipo de solo, declive do terreno, dimensão do riacho disponível (o fluxo de água para a bacia), profundidade necessária para a aplicação da irrigação e práticas agronómicas. A bacia pode ter diferentes formas e está rodeada em todos os limites por uma barreira de controlo, tal como um dique ou dique baixo. A água de rega é confinada até à sua infiltração no solo.

2.1.2.8 Largura da bacia

O declive do terreno é a principal limitação no que respeita à largura da bacia. Quando a inclinação do terreno é íngreme, a bacia deve ser estreita; caso contrário, será necessário um movimento excessivo de terra para obter bacias planas. O quadro 1 fornece informações sobre a largura máxima das bacias ou terraços, dependendo do declive do terreno. Outros factores, que podem afectar a largura da bacia, são:

- Práticas agronómicas,
- Profundidade do solo fértil, e
- Método de construção da bacia.

Quando o solo superficial é pouco profundo, há o risco de expor o subsolo estéril quando os terraços são escavados. Isto pode ser evitado reduzindo a largura das bacias e limitando assim a profundidade da escavação.

As bacias podem ser bastante estreitas se forem construídas manualmente, mas têm de ser mais largas se forem utilizadas máquinas para que as máquinas possam ser movimentadas facilmente. No caso da lavoura animal, as bacias podem ser muito mais estreitas do que quando são utilizadas máquinas para o cultivo. No entanto, se forem utilizadas máquinas, é importante assegurar que a largura das bacias seja muito maior do que a largura das máquinas para uma movimentação eficiente das máquinas.

Quadro 1. Valores estimados para a largura máxima da bacia ou terraço (m)

Inclinação (%)	Largura máxima (m)	
	Média	Gama
0.2	44	35-55
0.3	36	30-45
0.4	31	25-40
0.5	27	20-35
0.6	26	20-30
0.8	21	15-30
1.0	19	15-25
1.2	16	10-20
1.5	12	10-20
2.0	9	5-15
3.0	6	5-10
4.0	4	3-8

2.1.2.9 Dimensão da bacia

A dimensão das bacias depende do declive, do tipo de solo e do caudal de água disponível para as bacias (dimensão do ribeiro). A associação entre os tipos de solo, a dimensão do ribeiro e a dimensão da bacia é apresentada no quadro 2. Os valores baseiam-se na prática dos agricultores, tendo sido ajustados, nomeadamente, para se adaptarem às condições de irrigação em pequena escala.

Quadro 2 Áreas máximas estimadas de bacia ($^{m2)}$ para vários tipos de solo e tamanhos de fluxo disponíveis (l/seg.)

Tamanho do fluxo (l/seg.)	Areia	Lame arenoso	Argila de argila	Barro
5	35	100	200	350
10	65	200	400	650
15	100	300	600	1000
30	200	600	1200	2000
60	400	1200	2400	4000
90	600	1800	3600	6000

Exemplo de como calcular as dimensões das bacias

Pergunta:	Calcular as dimensões das bacias, quando o tipo de solo é um argiloso profundo e a inclinação do terreno é de 1%. Como a construção das bacias é mecanizada, os terraços devem ser o mais amplos possível. A dimensão do regato disponível é de 25 l/seg.
Resposta:	Do quadro 1, a largura máxima da bacia ou terraço para uma inclinação de 1% é de 25 m (intervalo de 15-25 m).
	Do quadro 2, a dimensão máxima da bacia para um solo de argila e um riacho disponível de 25 l/seg. é de 1000 ^{m2}.
	Se a área total da bacia for de 1000 ^{m2} e a largura de 25 m, o comprimento máximo da bacia é de 1000/25 = 40 m.
Nota:	Este exemplo mostra como calcular as dimensões máximas da bacia. Esta bacia pode ser tornada mais pequena do que isso, se necessário, e continuar a ser irrigada eficientemente com a dimensão do ribeiro disponível.

A dimensão da bacia é também influenciada pela profundidade (em mm) da aplicação de irrigação. Se a profundidade de rega requerida for grande, a bacia pode ser grande. Do mesmo modo, se a profundidade de rega requerida for pequena, então a bacia deve ser pequena para obter uma boa distribuição de água.

O tamanho e a forma das bacias podem frequentemente ser limitados por práticas agronómicas. Muitas explorações agrícolas nos países em desenvolvimento são muito pequenas e o cultivo é manual. Nessas situações, as bacias são geralmente pequenas, pois são fáceis de nivelar e a irrigação eficiente pode ser conseguida com riachos de dimensão relativamente pequena.

Por outro lado, nas grandes explorações agrícolas mecanizadas, as bacias são geralmente feitas o maior tamanho possível para proporcionar grandes áreas ininterruptas para a movimentação de máquinas. As dimensões das bacias são seleccionadas de forma a serem múltiplas da largura das máquinas, de modo a utilizar o equipamento o mais eficientemente possível. Outras explicações para tornar as bacias tão grandes quanto possível são que se desperdiça menos terra desta forma (menos molhos) e que se podem utilizar grandes caudais e uma profundidade de aplicação relativamente grande.

A forma da bacia depende principalmente do declive. A forma pode ser quadrada, rectangular ou irregular. No caso de terrenos inclinados e irregulares, as bacias podem ser longas e estreitas. Além disso, o lado longo da bacia pode ser ao longo da linha de contorno. Quando o declive e, portanto, a linha de contorno são irregulares, a forma da bacia também será irregular.

As pequenas bacias devem ser feitas se:
1. O solo é arenoso
2. Inclinação do terreno é íngreme
3. A profundidade necessária para a aplicação da irrigação é pequena
4. A preparação do campo é feita à mão ou por tracção animal.
5. O tamanho do riacho até à bacia é pequeno.

Podem ser feitas grandes bacias se :
1. O solo é argiloso
2. A inclinação do terreno é suave ou plana
3. A preparação do campo é mecanizada

4. A dimensão do riacho até à bacia é grande

5. A profundidade necessária para a aplicação da irrigação é grande.

2.1.3 Rega por sulcos

Para irrigação por sulcos, são feitos canais pequenos e paralelos (sulcos) para transportar água para irrigação. Geralmente, a cultura a irrigar é cultivada nas cristas entre os sulcos. Este método de irrigação difere da irrigação de borda, apenas uma parte da superfície do solo é coberta com água. A água desce o solo tanto vertical como horizontalmente. A água é aplicada até se obter a profundidade de aplicação desejada e a penetração lateral. É essencial nivelar o terreno para proporcionar declives uniformes para permitir uma aplicação uniforme da água e uma irrigação eficiente. Este tipo de irrigação inclui também a aplicação de água em pequenos grãos ou culturas similares, perfurados em sulcos planos, onde a água é aplicada no solo descoberto ou em solos com baixo teor vegetativo.

Para adoptar a irrigação por sulcos, o campo deve ter uma qualidade positiva e contínua de linha. Isto exige geralmente uma meticulosa classificação das terras, que pode ser dispendiosa. Além disso, esta classificação resulta numa drenagem positiva do campo, o que aumenta consideravelmente a produção. O grau de linha deve ser de pelo menos 0,1% e não mais de 0,5%; os graus de linha entre 0,15% e 0,3% são mais eficazes.

Se os comprimentos das linhas não forem variáveis, então é necessário controlar o fluxo do sulco ajustando o número de linhas que são irrigadas de uma só vez. É sempre vantajoso levar a água até ao fim da fila em 10 horas ou menos. Irrigar muito mais tempo do que isso pode causar o corte da água no topo da fila e causar problemas, especialmente se chover. Este é um problema com a utilização alargada de tubos de rega com furos para rega por sulcos. A irrigação é feita através de furos no tubo, desde que a água ainda saia deles sem muita preocupação, independentemente do tempo que demore a irrigar a fileira.

A irrigação por sulcos necessita de um baixo investimento inicial em equipamento e de baixos custos de bombagem por hectare de água bombeada. No entanto, é de trabalho intensivo e tem menor eficiência de aplicação em comparação com os aspersores e a irrigação por gotejamento enterrado. Quando feita corretamente, a irrigação por sulco pode minimizar os custos de irrigação e lixiviação química e resultar em maior produtividade da cultura.

Geralmente, a irrigação por sulcos necessita de um abastecimento de água de pelo menos 10 gpm por acre irrigado ou mais. Geralmente são necessários quase cinco a seis dias para completar uma irrigação, à razão de 10 gpm/acre. Os sulcos bem preparados são necessários para transportar eficazmente a água de irrigação. Para se ter um bom sulco, a plantação num canteiro pequeno é a opção mais desejável. Se não for utilizado leito, então cultivar com uma charrua de sulco que mova terra suficiente do meio das fileiras para que se faça um sulco bem definido.

As culturas adequadas para irrigação por sulcos com uma vasta gama de tipos de solo, culturas e declives, são apresentadas a seguir.

2.1.3.1 Culturas mais adequadas

A irrigação por sulcos é mais adequada para culturas em filas. As culturas devem ser irrigadas através de sulcos, se as culturas forem danificadas com água que cubra o caule ou a coroa.

No caso das culturas arbóreas, também é adequada a irrigação por sulcos. Quando as árvores se encontram numa fase inicial de crescimento, pode ser suficiente um sulco ao longo da linha arbórea, mas à medida que as árvores se desenvolvem podem ser construídos dois ou mais sulcos para fornecer água adequada. As seguintes culturas podem ser irrigadas por sulcos:

> ➢ Culturas cultivadas em linhas como a cana-de-açúcar, o milho, o girassol, a soja;
>
> ➢ Culturas que podem ser danificadas por inundação, tais como feijão, tomate, legumes, batatas;
>
> ➢ Citrinos, uva;
>
> ➢ Culturas que são difundidas (método de ondulação), como o trigo.

2.1.3.2 Solos mais férteis

O tipo de irrigação por sulcos pode ser geralmente adaptado na maioria dos tipos de solo. Enquanto que as areias muito grosseiras não são recomendadas, uma vez que as perdas de percolação podem ser elevadas. Os solos com formação de crosta são especialmente adequados para a irrigação por sulcos porque a água não corre sobre a crista e, portanto, o solo permanece friável para o crescimento efectivo das plantas.

A água também pode ser fornecida utilizando tubos fechados, sifão e vala da cabeça no método de irrigação por sulcos. A taxa de movimento da água é influenciada por muitos factores como a inclinação do terreno, a rugosidade da superfície e a forma do sulco, mas sobretudo pela taxa de afluência e a capacidade de infiltração no solo. O espaçamento entre sulcos adjacentes depende do tipo de cultura cultivada, principalmente do intervalo de 0,75 a 2 metros.

2.1.3.3 Disposiçãoe construção da rega por sulcos

A disposição e construção da rega por sulcos inclui a forma, comprimento e espaçamento dos sulcos. A forma, o comprimento e o espaçamento são normalmente determinados pelas circunstâncias naturais, ou seja, a inclinação, o tipo de solo e a dimensão do ribeiro disponível. No entanto, outros factores podem influenciar a concepção de um sistema de sulcos, tais como a profundidade da rega, o comprimento do campo e as práticas agronómicas. Além disso, a dimensão e a forma dos sulcos variam em função da cultura cultivada, do equipamento utilizado e do espaçamento entre as linhas de cultura.

2.1.3.4 Preparação do terreno

A rega por sulcos pode ser feita facilmente em terrenos com topografia uniforme. Dividir o terreno em segmentos operacionais uniformes, para que se possa utilizar um único conjunto de sulcos e procedimentos operacionais. Se nem o solo nem a topografia forem normalmente uniformes em grandes áreas, é melhor dividir os campos em áreas de concepção de acordo com a uniformidade do solo e fazer o nivelamento necessário para desenvolver declives uniformes dentro das limitações impostas pelos critérios de concepção. A fim de obter um funcionamento uniforme de um sulco ou sistema de corrugação, cada sulco ou corrugação dentro de um segmento de desenho deve ter o mesmo comprimento e a mesma qualidade. Para obter um comprimento de sulco uniforme, o segmento deve ter lados paralelos de comprimento uniforme e, para obter uma qualidade uniforme, a superfície deve estar em conformidade com um plano.

2.1.3.5 Comprimento do sulco

Os sulcos devem ser preparados em função da inclinação, do tipo de solo, da dimensão do riacho, da profundidade da rega, da prática de cultivo e do comprimento do campo. A influência destes factores no comprimento do sulco é a seguinte:

2.1.3.6Tipo de solo

As propriedades físicas do solo que afectam a eficiência da rega por sulcos e a taxa de absorção de água são a textura, a estrutura e a inclinação. Como a textura de um solo muda muito pouco, a taxa de ingestão de um solo específico pode ser determinada se forem utilizadas práticas agrícolas que não alterem materialmente a inclinação do solo. Normalmente, os solos insanos infiltram-se rapidamente, pelo que os sulcos devem ser curtos, de modo a que a água chegue à extremidade a jusante sem perdas excessivas de percolação. No entanto, nos solos argilosos, a taxa de infiltração é muito inferior à dos solos arenosos, pelo que os sulcos podem ser muito mais longos em solos argilosos do que em solos arenosos.

2.1.3.7 Inclinações adequadas

Embora os sulcos possam ser mais longos quando a inclinação do terreno é mais acentuada, a inclinação máxima recomendada é de 0,5% para evitar a erosão do solo. Os sulcos também podem ser nivelados e são, portanto, muito semelhantes a longas bacias estreitas. Mas recomenda-se um grau mínimo de 0,05% para que possa ocorrer uma drenagem eficaz após irrigação ou pluviosidade com elevada intensidade.

2.1.3.8 Dimensão do ribeiro

Geralmente, os cursos de água de até 0,5 l/seg proporcionam uma irrigação adequada, desde que os sulcos não sejam demasiado longos. Se existirem riachos de maiores dimensões, a água deslocar-se-á rapidamente pelos sulcos, pelo que normalmente os sulcos podem ser mais longos. O tamanho máximo do fluxo que não causará erosão dependerá da inclinação do sulco. Aconselha-se a não utilizar riachos de tamanho superior a 3,0 l/seg (ver quadro 3).

2.1.3.9 Profundidade da irrigação

As profundidades de rega têm de ser maiores quando os sulcos são mais longos, uma vez que é necessário mais tempo para a água fluir pelos sulcos e infiltrar-se.

2.1.3.10 Práticas agronómicas

Com a agricultura mecanizada, devem ser feitos sulcos o mais longos possível para facilitar o trabalho. Se os sulcos forem curtos, é necessário muito cuidado, pois o fluxo tem de ser alterado frequentemente de um sulco para o outro. Pelo contrário, os sulcos curtos podem normalmente ser irrigados de forma mais eficiente do que os longos, uma vez que as perdas de percolação serão mínimas.

2.1.3.11 Comprimento do campo

É aconselhável tornar o comprimento do sulco igual ao comprimento do campo, em vez do comprimento ideal, quando isso resultaria na utilização máxima do terreno (Figura).

Quadro 3. Valores estimados do comprimento máximo do sulco (m) em função do declive, tipo de solo, dimensão do riacho e profundidade líquida de rega.

Inclinação do sulco (%)	Tamanho máximo do fluxo (l/seg.) por sulco	Barro		Loam		Areia	
		Profundidade líquida de rega (mm)					
		50	75	50	75	50	75
0.0	3.0	100	150	60	90	30	45
0.1	3.0	120	170	90	125	45	60
0.2	2.5	130	180	110	150	60	95
0.3	2.0	150	200	130	170	75	110
0.5	1.2	150	200	130	170	75	110

No quadro 3 são apresentados valores estimados relativos à inclinação do sulco, tipo de solo e tamanho dos cursos de água e profundidade da rega em função do comprimento do sulco. Pode ser utilizado apenas como um guia, uma vez que os dados se baseiam principalmente na experiência de campo e não em quaisquer relações científicas. Os valores para o comprimento máximo do sulco são dados para uma irrigação razoavelmente eficiente. Pelo contrário, os comprimentos dos sulcos podem ser ainda mais curtos do que os indicados no quadro e, normalmente, ajudarão a melhorar a eficiência da rega.

2.1.3.12 Forma do sulco

A forma dos sulcos depende principalmente do tipo de solo e da dimensão do riacho. Este aspecto é discutido em pormenor mais adiante:

2.1.3.13 Tipo de solo

A água move-se mais rapidamente verticalmente do que lateralmente em solos arenosos, (= lateral). Recomenda-se a existência de sulcos estreitos e profundos em forma de V para reduzir a área do solo através da qual a água percola. Enquanto que os solos arenosos são menos estáveis e tendem a entrar em colapso, o que pode reduzir a eficácia da irrigação.

No entanto, nos solos argilosos, há muito mais movimento lateral de água e a taxa de infiltração é muito menor do que nos solos arenosos. Por conseguinte, é desejável um sulco amplo e pouco profundo para obter uma grande área molhada que favoreça a infiltração.

2.1.3.14 Dimensão do ribeiro

Recomenda-se um fluxo maior para obter um fluxo maior. Isto permitirá melhorar a eficiência da irrigação.

2.1.3.3.15 Espaçamento dos sulcos

As práticas agronómicas adoptadas e o tipo de solo determinam o espaçamento dos sulcos. O espaçamento dos sulcos deve ser compatível com a cultura a cultivar, a maquinaria agrícola a utilizar e a transmissão lateral da água do solo em relação à entrada vertical. Na maioria das culturas arvenses, como o milho, o algodão ou a batata, o espaçamento entre sulcos é a distância entre linhas de cultura e é seleccionado para facilitar a utilização de utensílios de plantação, cultivo e colheita.

2.1.3.16 Tipo de solo

O espaçamento recomendado para os solos arenosos deve situar-se entre 30 e 60 cm, ou seja, 30 cm para a areia grossa e 60 cm para a areia fina. Contudo, nos solos argilosos, o espaçamento entre dois sulcos adjacentes deve ser de 75-150 cm.

2.1.3.17 Práticas agronómicas

A incorporação uniforme de resíduos de culturas e estrume orgânico nos primeiros centímetros da camada superficial do solo pode aumentar a eficiência da irrigação por sulcos e as taxas de absorção. Estas práticas agronómicas também ajudam a evitar a inundação superficial do solo, o que pode reduzir quase a zero a ingestão de terra. Um teor mais elevado de agregados de partículas do solo de grandes dimensões e uma maior capacidade de absorção de água resultam geralmente de boas práticas de rotação de culturas. Quando a agricultura mecanizada é adoptada, é necessário um compromisso entre as máquinas disponíveis para cortar sulcos e o espaçamento ideal para as culturas. A mecanização resultará em menos trabalho se for mantida uma largura normalizada entre os sulcos, mesmo quando as culturas normalmente requerem uma distância de plantação diferente. Desta forma, o espaçamento da ferramenta de fixação não necessita de ser alterado quando o equipamento é deslocado de uma cultura para outra. Contudo, é necessário ter o cuidado de garantir que o espaçamento padrão proporcione uma molhagem lateral adequada, independentemente dos tipos de solo.

Geralmente, na irrigação por sulcos, a água pode demorar um período de tempo considerável a chegar à outra extremidade do sulco, o que significa que a água se infiltra há mais tempo na extremidade superior do campo. Pode resultar numa fraca uniformidade com uma aplicação elevada na extremidade superior e uma aplicação inferior na extremidade inferior. Esta questão pode ser resolvida através do aumento da velocidade de circulação da água ao longo do campo (a taxa de avanço), o que pode ser conseguido através do aumento do caudal ou através da prática de irrigação em surto.

2.2Sub-superfície ou sub-superfície

A rega enterrada é o tipo de rega feita por aplicação de água por baixo da superfície do solo, quer através da construção de valas ou da instalação de condutas perfuradas subterrâneas. Sistema de rega enterrado, a água é descarregada em valas e deixada em pé durante todo o período de rega para movimentos laterais e ascendentes da água por capilaridade, a fim de proporcionar um abastecimento adequado de água entre as valas. Deve ter-se o cuidado de garantir que não se perca água por percolação profunda.

2.2.3 Condições favoráveis necessárias para a irrigação de subsuperfície

a. Profundidade do subsolo impermeável de pelo menos 2 m.
b. Subsolo adequadamente permeável de textura razoavelmente uniforme que permita um bom movimento lateral e ascendente da água.
c. Solo de superfície de argila ou argila arenosa com boa permeabilidade.
d. Condições topográficas uniformes e declive moderado.
e. Disponibilidade de uma mesa de águas altas.

f. Em zonas onde a água de rega é escassa e dispendiosa.

g. O solo não deve ter problemas de anisalinidade.

A rega de subsuperfície é adoptada através da construção de uma série de valas ou valas de 60 a 100 cm de profundidade. As valas devem ser verticais, com uma largura de cerca de 30 cm. O espaçamento entre as valas pode variar entre 15 a 30 m, dependendo do tipo de solo e do movimento lateral da água nos solos.

2.2.3 Culturas mais adequadas

As culturas, especialmente as que têm raízes pouco profundas, estão bem adaptadas ao sistema de irrigação de subsuperfície. As culturas adequadas incluem trigo, batata e beterraba, ervilhas e culturas forrageiras.

2.2.4 Benefícios

1. Perda mínima de água por evaporação
2. A água do solo é mantida em tensão favorável
3. A irrigação subterrânea pode ser adaptada a solos com baixa capacidade de retenção de água e alta taxa de infiltração, onde os métodos de irrigação de superfície não podem ser adoptados e a irrigação por aspersão é dispendiosa.

2.2.5 Desvantagens

1. A água de boa qualidade deve estar disponível, não pode ser utilizada água de rega de má qualidade.
2. A irrigação de subsuperfície pode formar lençóis freáticos elevados ou subsolos impermeáveis
3. É necessária uma boa condutividade hidráulica dos solos para se ter um movimento ascendente da água.

4. As condições de salinidade e alcalinidade no solo podem desenvolver-se devido ao movimento ascendente dos sais com água.

2.3 Micro-Regação

2.3.1 Rega por aspersão

A irrigação por aspersão é um tipo de irrigação em que a água é aplicada de forma semelhante à precipitação natural. A distribuição da água é feita através de um sistema de tubos, normalmente por bombagem. A água sob pressão é transportada e aspergida no ar acima da cultura através de um sistema de tubos perfurados aéreos, tubagens de bocal ou através de bocais instalados em tubos de elevação ligados a um sistema de tubos colocados no solo. Os bicos de tipo fixo ou rotativos sob pressão de água são fixados a intervalos adequados nas tubagens de distribuição. A água aspergida molha tanto a cultura como o solo e, por conseguinte, tem um efeito refrescante. Neste tipo de irrigação, a taxa de aplicação de água é inferior à taxa de entrada do solo, pelo que não ocorre qualquer escorrimento. A quantidade de água é aplicada para satisfazer o esgotamento da água do solo, de acordo com as necessidades da cultura.

Os sistemas de rega por aspersão são categorizados de acordo com a operação das laterais. Existem principalmente três tipos de sistemas de rega por aspersão (laterais): fixos, de movimento periódico e contínuos/auto-moveis. Vários modelos de sistemas de rega por aspersão incluem conjuntos sólidos (portáteis e permanentes), laterais de movimentação manual, laterais de rolo lateral (linha de rodas), laterais de reboque de extremidade, laterais de alimentação por mangueira (tracção), laterais de tubo perfurado, pivots de alta e baixa pressão e laterais de movimentação linear (laterais), e aspersores de pistola estacionários ou em movimento e barras.

As modificações operacionais da irrigação por aspersão incluem sistemas de aplicação de baixa precisão energética (LEPA) e sistemas de baixa pressão em canópia (LPIC) com pivô central e sistemas de movimento linear. A eficiência dos sistemas é determinada principalmente pela pressão dos sistemas de aspersores que são normalmente fornecidos por bombagem, alimentados por motores eléctricos e motores diesel, gás natural, gás L P, ou gasolina. Os sistemas de aspersores podem mesmo ser operados por gravidade quando existe uma queda de saturação para fornecer a pressão de funcionamento, que é adequada.

Para sistemas de rega por aspersão modificados, a água é canalizada para um ou mais locais centrais dentro do campo e distribuída por aspersores de alta pressão ou pistolas de ar comprimido. Quando o sistema utiliza aspersores, pulverizadores ou pistolas montadas em tubos suspensos permanentemente instalados, é geralmente referido como um sistema de rega de conjunto sólido. Além destes, existem aspersores de alta pressão que giram, conhecidos como rotores e que são accionados por um mecanismo de esfera, de engrenagem ou de impacto. Estes aspersores podem ser concebidos para rodar em círculo completo ou parcial. Geralmente, as pistolas são semelhantes aos rotores, excepto que geralmente operam a pressões muito elevadas de 40 a 130 lbf/in^2 (275 a 900 kPa) e fluxos de 50 a 1200 US gal/min (3 a 76 L/s), normalmente com diâmetros de bico na gama de 0,5 a 1,9 polegadas.

Além disso, os aspersores também podem ser montados em plataformas móveis ligadas à fonte de água por uma mangueira. Estão também disponíveis sistemas de aspersores móveis automáticos que irrigam áreas como pequenas explorações agrícolas, campos desportivos, parques, pastagens e cemitérios sem operador. Normalmente, estes utilizam um comprimento de tubo de polietileno enrolado num tambor de aço. A tubagem do sistema será enrolada no tambor alimentado pela água de rega ou por um pequeno motor a gás, o aspersor é puxado através do campo. Quando o aspersor volta ao enrolador, o sistema desliga-se imediatamente.

2.3.1.1 Eficiência de aplicação dos sistemas de aspersão

Se o sistema de aspersão for adequadamente concebido e operado, podem ser obtidas eficiências de aplicação de 50 a 95 por cento. O tipo de sistema, as práticas culturais e de gestão determinam a eficiência do sistema de aspersores. A gestão inadequada (ou seja, a irrigação demasiado cedo ou a aplicação de demasiada água) permite uma redução significativa da eficiência da aplicação da água quando se utilizam aspersores.

2.3.1.2 Causas das perdas e ineficiências do sistema

- ➢ Perdas de água de rega devidas à evaporação directa no ar do aspersor, da superfície do solo e das folhas das plantas que interceptam a água do aspersor.

- ➢ Velocidade do vento ou deriva (normalmente 5 a 10%, dependendo da temperatura, velocidade do vento e tamanho das gotas).

- ➢ Percolação profunda e escoamento superficial e resultante de uma aplicação não uniforme dentro do padrão de aspersão.

- ➢ Desperdício de água devido a fugas e drenagem do sistema.

Se os sistemas de aspersão forem concebidos para aplicar água a uma taxa inferior à taxa máxima de infiltração no solo, haverá um mínimo de perdas por escorrimento. Em muitos sistemas de aspersão, a água é aplicada abaixo ou com o dossel da cultura, onde o vento sopra e a maioria das perdas por evaporação são reduzidas. Se for utilizada uma baixa pressão nas laterais do pivô central do dossel, então o armazenamento da superfície do solo será crucial. Os sistemas de Aplicação de Baixa Precisão Energética (LEPA) utilizam uma gestão completa do solo, água e plantas para evitar o escorrimento e o desperdício de água.

2.3.1.3 Factores a considerar na escolha de um sistema de aspersão

A dimensão e a forma da área regada, o tipo de solo e o caudal são os principais factores a considerar na escolha de um sistema de aspersão. Os solos que contêm uma grande quantidade de argila reterão água durante longos períodos de tempo, pelo que deve ser regado menos do que um solo que não contenha argila. No entanto, os solos arenosos absorvem a água rapidamente e drenam-na muito rapidamente.

Para melhorar a eficiência, são recomendados aspersores com aspersores rotativos ou pulverizadores. Para jardins de tamanho médio e relvados, os aspersores rotativos são muito eficazes. Regam rapidamente o relvado devido à sua capacidade de regulação por jacto. Dependendo do tamanho, a taxa de aplicação pode ser diferente, geralmente 0,8-1 polegada por hora. Foram desenvolvidos dois tipos diferentes de aspersores. Os aspersores pop-up e stand-up ou montados em tubos, são bons para espaços pequenos que necessitam de uma grande quantidade de água num curto espaço de tempo como solos arenosos, ou terrenos planos. A taxa de aplicação dos sistemas de pulverização é de cerca de 1,5-1,7 polegadas por hora. É aconselhável não instalar pulverizadores e aspersores rotativos nas mesmas áreas de irrigação porque os pulverizadores aplicam água a uma taxa muito mais elevada, apesar de a sua cobertura de área ser pequena.

A concepção dos sistemas de aspersão deve ser feita de forma a que as taxas de aplicação não excedam a taxa de absorção do solo, a menos que se tenha em conta o armazenamento da superfície do solo ou outras considerações. Se as gotículas forem maiores, haverá mais dispersão potencial e micro-compactação das partículas do solo. As gotas maiores são geralmente formadas devido a uma pressão de funcionamento inadequada ou a longas distâncias do bico até ao impacto. Pode criar uma camada superficial densa e menos permeável, que pode reduzir em grande medida a infiltração.

Na irrigação por aspersão, o processo de infiltração da água difere do processo de irrigação de superfície. Nos métodos de irrigação por aspersão, a água é captada à superfície. Em terrenos com declives, onde os solos têm uma taxa de entrada baixa a média, o escorrimento ocorre frequentemente sob pivotsistemas centrais, especialmente na extremidade exterior dos aspersores laterais.

Neste sistema de irrigação, a infiltração é referida como uma taxa de ingestão ou uma taxa máxima de aplicação, expressa em polegadas por hora (in/hr). O calendário e as taxas de aplicação variam em função do tipo de aspersor ou pulverizador. Para o sistema com cabeças de impacto, a água na superfície do solo é apenas num único ponto com cada cabeça rotativa. Enquanto que com cabeças de pulverização, a água está continuamente à superfície do solo, mas a uma profundidade muito superficial.

Os bicos de ângulo baixo aplicam comparativamente mais água na área mais próxima do bico. Além disso, as taxas de aplicação instantânea de picos de água em picos de aspersores com movimento descontínuo podem ser muito elevadas. Pelo contrário, quando expressas como uma taxa horária média sobre a área total irrigada, estas taxas podem parecer bastante baixas.

2.3.1.4 Culturas mais adequadas

A irrigação por aspersão é adequada para a maior parte das culturas em linha, nos campos e nas árvores, podendo a água ser aspergida por cima ou por baixo do dossel da cultura. No entanto, os aspersores de grandes dimensões não são recomendados para a irrigação de culturas delicadas, como as alfaces, porque as grandes gotas de água produzidas pelos aspersores podem danificar as culturas moles.

2.3.1.4 Inclinações adequadas

Os aspersores podem ser instalados em qualquer declive, independentemente de serem uniformes ou ondulados. As tubagens laterais que fornecem água aos aspersores devem ser sempre dispostas ao longo do contorno do terreno, sempre que possível. Isto irá minimizar as alterações de pressão nos aspersores e proporcionar uma irrigação uniforme.

2.3.1.5 Solos mais adequados

Os aspersores são adequados para solos arenosos com elevadas taxas de infiltração, embora sejam adaptáveis à maioria dos solos. A taxa média de aplicação dos aspersores (em mm/hora) é sempre escolhida para ser inferior à taxa de infiltração básica do solo, de modo a evitar a acumulação e o escoamento superficial.

A irrigação por aspersão não é adequada para solos que formam facilmente uma crosta. Se a irrigação por aspersão é o único método disponível, então devem ser usadas pulverizações finas leves. Os aspersores de maiores dimensões que produzem gotas de água maiores devem ser evitados.

2.3.1.6 Água de rega adequada

No que diz respeito à água de rega, é necessário um bom abastecimento de água limpa, livre de sedimentos em suspensão, para evitar problemas de bloqueio dos aspersores e estragar a cultura através do seu revestimento com sedimentos.

2.3.1.7 Layout do sistema de aspersão

O sistema de rega por aspersão é composto pelos seguintes componentes:

➤ Unidade de bombagem ou fonte de água pressurizada

➤ Linha principal

➤ Laterals

➤ Aspersores

A unidade de bomba ou fonte de água pressurizada é geralmente uma bomba centrífuga que retira água da fonte e fornece pressão adequada para a entrega no sistema de tubagens.

A "linha principal" do sistema de aspersão - é o tubo que conduz a água da bomba para as laterais. Em alguns casos, esta conduta é permanente e é colocada à superfície do solo ou enterrada debaixo do solo. Noutros casos, é temporária e pode ser deslocada de campo para campo. Os principais materiais utilizados na canalização incluem o cimento de amianto, plástico ou liga de alumínio.

As "laterais" são os componentes que transportam a água da linha principal para os aspersores. Podem ser permanentes; no entanto, são mais frequentemente portáteis e feitos de liga de alumínio ou plástico para que possam ser facilmente deslocados.

Um problema habitual da irrigação por aspersão é a grande mão-de-obra necessária para mover as tubagens e os aspersores em redor do campo. Em determinados locais, essa mão-de-obra pode não estar disponível e pode também ser dispendiosa. A fim de ultrapassar este problema, foram desenvolvidos muitos sistemas móveis, tais como o enrolador de mangueiras e o pivô central.

A pressão do vento e da água influenciará a uniformidade das aplicações dos aspersores.

A pulverização de água dos aspersores é facilmente soprada por uma brisa suave e esta lata reduz a uniformidade de forma significativa. A fim de reduzir os efeitos do vento, os aspersores podem beposicionar-se mais estreitamente entre si.

O sistema de rega por aspersão só funcionará bem à pressão de funcionamento correcta recomendada pelo fabricante. Quando a pressão é superior ou inferior, então a distribuição será afectada. O problema habitual com este tipo de rega é que, quando a pressão é demasiado baixa. Isto acontece quando as bombas e as tubagens se desgastam. A fricção aumenta e assim a pressão no aspersor diminui. O resultado é que o jacto de água não se rompe e toda a água tende a cair numa área para fora do círculo molhado. Se a pressão for demasiado elevada, a distribuição também será fraca. Desenvolve-se uma pulverização fina que cai perto do aspersor.

2.3.1.8 Taxa de aplicação

A taxa de aplicação é a taxa média a que a água é aspergida sobre as culturas e é medida em mm/hora. Depende do tamanho dos aspersores, da pressão de funcionamento e da distância entre aspersores. Ao seleccionar um sistema de aspersão é importante garantir que a taxa média de aplicação seja inferior à taxa de infiltração básica do solo. Desta forma, toda a água aplicada será facilmente absorvida pelo solo e não deverá haver escorrimento nem desperdício de água.

2.3.1.8 Tamanho das gotas dos aspersores

Quando a água é pulverizada a partir de um aspersor, esta quebra-se em pequenas gotas de 0,5 a 4,0 mm de dimensão. As gotas mais pequenas caem perto do aspersor, enquanto as maiores caem perto da borda do círculo molhado. As gotas maiores podem danificar culturas e solos delicados, pelo que, em tais condições, é melhor utilizar os aspersores mais pequenos.

Neste tipo de rega, a dimensão da gota é também controlada pela pressão e pelo tamanho do bico. Quando a pressão é baixa, as gotas tendem a ser muito maiores, já que o jacto de água não se parte facilmente. Portanto, para evitar danos à cultura e ao solo, é preferível a utilização de bicos de pequeno diâmetro que funcionem à pressão normal de funcionamento recomendada ou acima dela.

2.4 Irrigação por gotejamento ou gotejamento

A irrigação por gotejamento ou gotejamento é um tipo de irrigação que envolve o gotejamento de água no solo a taxas muito baixas (2-20 litros/hora) a partir de um sistema de tubos de plástico de pequeno diâmetro equipados com saídas denominadas emissores ou gotejadores. A água é descarregada na zona radicular das plantas ou perto dela, gota a gota. Este tipo de sistema de irrigação é o método mais eficiente de irrigação, pois a evaporação e escoamento superficial são minimizados quando geridos adequadamente. As necessidades totais de água de rega para culturas cultivadas com um sistema de gotejamento são muito reduzidas em comparação com um sistema de inundação superficial, porque a água pode ser aplicada de forma muito mais eficiente com a rega gota-a-gota. A irrigação por gotejamento é frequentemente combinada com a cobertura de plástico, reduzindo ainda mais a evaporação. Outro benefício importante é que os fertilizantes também podem ser misturados na água de rega e fornecidos juntamente com a água de rega às culturas e este processo é conhecido como fertirrigação.

A irrigação por gotejamento de alta tecnologia tornou-se uma das inovações mais valorizadas do mundo na agricultura irrigada. Este tipo de irrigação pode também utilizar dispositivos denominados micropulverizadores, que pulverizam água numa pequena área, em vez de emissores gotejadores. A irrigação por gotejamento enterrado (SDI) utiliza permanentemente ou temporariamente uma linha de gotejamento enterrada ou localizada nas raízes das plantas ou abaixo delas. Este sistema de irrigação está a tornar-se popular para a irrigação de culturas em linha, especialmente em áreas onde o abastecimento de água é limitado ou onde é utilizada água reciclada para irrigação.

A aplicação de água é feita perto da zona radicular das plantas, de modo a que apenas uma parte do solo em que as raízes crescem seja molhada, ao contrário da irrigação superficial e por aspersão, que envolve a molhagem de todo o perfil do solo. A aplicação de mais água do que a necessidade da cultura anulará a maior parte dos benefícios da rega gota-a-gota. O solo será excessivamente húmido, promovendo doenças, o crescimento de ervas daninhas e a lixiviação de nitratos. Na irrigação por gotejamento, as aplicações de água são apenas a quantidade necessária e mais frequentes (geralmente a cada 1-3 dias) do que com outros métodos, o que proporciona um nível muito favorável de humidade elevada no solo, no qual as plantas podem florescer.

A aplicação de baixo volume de água directamente na zona radicular das culturas mantém um equilíbrio desejável entre o ar e a água no solo. As culturas crescem melhor com este equilíbrio favorável ar-água e mesmo com a humidade do solo. A água da rega é aplicada frequentemente a baixos caudais com o objectivo de aplicar apenas a água de acordo com as necessidades da cultura. Os sistemas de rega gota-a-gota estão mais amplamente disponíveis e melhor concebidos para utilização em jardins domésticos do que nunca. Estes sistemas de irrigação são tradicionalmente utilizados para o cultivo de legumes comerciais, pomares, quebra-ventos, estufas e viveiros e estão bem adaptados para uso doméstico. Se combinados com um controlador, os sistemas de rega gota-a-gota podem ser geridos facilmente. A taxa lenta de aplicação de água através da rega gota-a-gota é mais susceptível de ser absorvida antes do escorrimento.

A irrigação por gotejamento é frequentemente chamada micro irrigação, que é a classificação geral de aplicação frequente, de baixo volume e baixa pressão de água sobre a superfície do solo por gotejadores, emissores de gotejamento, tubos gotejadores de superfície ou subsuperfície, bolhas de bacia e sistemas de aspersão ou mini-aspersores. Neste tipo de rega, a água é aplicada sob a forma de gotas orcontinuas discretas, pequenos jactos ou pulverizações em miniatura através de emissores de gotejamento ou pulverizadores colocados ao longo de uma linha de distribuição de água denominada linha alateral ou de alimentação. Normalmente, a água é dispensada de uma rede de distribuição de tubos sob baixa pressão (5 a 20 lb/in2), num padrão pré-determinado. A água circula através do solo desde o ponto de emissão até às zonas de maior tensão da água, tanto por forças capilares como por gravidade. A quantidade de água no solo depende das características do solo, da duração do período de irrigação, da descarga do emissor e do número e espaçamento dos emissores. O espaçamento e a dimensão das plantas determinam o número de emissores a instalar e o seu espaçamento.

Com uma gestão adequada, os emissores de linha podem ser utilizados para culturas em linha. Mesmo com um abastecimento de água limitado, a irrigação por gotejamento pode fornecer eficientemente a quantidade necessária. As eficiências de aplicação para um sistema de irrigação bem projetado, instalado e mantido podem estar na faixa de 80 a 90 por cento para a área irrigada com gestão adequada da água. Pelo contrário, sem uma gestão eficaz da água, são normalmente de 55 a 65 por cento. Normalmente, o excesso de rega é o maior problema de gestão da água. A irrigação por gotejamento é utilizada principalmente em hortícolas, bagas, uvas, frutas, citrinos e pomares de frutas de casca rija, plantas de viveiro e plantas ornamentais e de paisagem. Os sistemas de irrigação por gotejamento enterrado podem ser rentáveis para a irrigação de culturas em linha de alto valor, em áreas onde o abastecimento de água é inadequado e o custo da água é elevado.

2.4.1 Vários tipos de micro sistemas de irrigação
2.4.1.1 Emissores pontuais (gotejadores/trickle/bubbler)

Para a forma pontual de micro irrigação, a água é aplicada à superfície do solo como gotas discretas ou contínuas, riachos minúsculos, ou fontes de baixo volume através de pequenas aberturas. Numa gama de pressão especificada, a descarga de água é feita em unidades de galões por hora (gph) ou galões por minuto (gpm). As taxas de descarga de água variam entre 0,5 galões por hora e quase 0,5 galões permutados para emissores gotejadores individuais. Embora os microtubos sejam na realidade tubos e não emissores, são utilizados como emissores pontuais. São constituídos por tubos flexíveis de pequeno diâmetro (0,020 a 0,040 polegadas). Normalmente, não é utilizado qualquer outro dispositivo de controlo da água. Através da variação do comprimento das taxas de descarga da tubagem são ajustadas. Se o tubo for mais comprido, haverá mais perda de atrito e diminuirá a taxa de descarga. Se os orifícios de descarga forem pequenos, então é necessária uma filtração completa da água.

Ultimamente têm sido desenvolvidos vários tipos de irrigação por gotejamento, que vão desde a muito alta tecnologia e informatizada até à de baixa tecnologia e relativamente intensiva em mão-de-obra. Para a maioria dos outros tipos de sistemas, são normalmente necessárias pressões de água mais baixas, com excepção dos sistemas de pivot central de baixa energia e dos sistemas de irrigação de superfície. Além disso, o sistema pode ser concebido para uniformidade em todo o campo ou para uma entrega precisa de água a plantas individuais numa paisagem que contenha uma mistura de espécies de plantas. Embora seja difícil regular a pressão em declives íngremes, estão disponíveis emissores compensadores de pressão; por conseguinte, o campo não tem de ser nivelado. Os sistemas de gotejamento de alta tecnologia envolvem emissores calibrados com precisão, localizados ao longo de linhas de tubagem que se estendem a partir de um conjunto de válvulas computorizadas. A regulação da pressão e a filtragem para remover partículas são vitais nestes sistemas. Os tubos gotejadores são geralmente de cor preta (ou enterrados sob o solo ou sob cobertura vegetal) para evitar o crescimento de algas e para proteger o polietileno da degradação devida à luz ultravioleta. No entanto, a irrigação por gotejamento pode também ser tão pouco técnica como um recipiente de argila porosa afundado no solo e ocasionalmente enchido a partir de uma mangueira ou balde. Para relvados, a irrigação por gotejamento enterrado tem sido utilizada com sucesso, mas é mais dispendiosa do que um sistema de aspersão mais tradicional. Os sistemas de gotejamento enterrado não são esteticamente agradáveis nem rentáveis para relvados e campos de golfe. Uma das principais desvantagens dos sistemas de rega gota-a-gota enterrada (SDI), quando utilizados para relvados, foi o facto de terem de instalar as linhas de plástico muito próximas umas das outras no solo, perturbando assim a área relvada. Desenvolvimentos de alta tecnologia em instaladores de gotejamento como o instalador de gotejamento no New Mexico State University Arrow Head Center, coloca a linha no subsolo e cobre a fenda sem deixar o solo exposto.

2.4.1 .2 Temporizadores ou controladores

Os temporizadores ou controladores de rega são utilizados para controlar automaticamente a rega. Se programado correctamente, irá ligar e desligar o sistema de rega num determinado momento, mesmo quando não está na exploração, regar áreas diferentes durante períodos de tempo diferentes do dia, manterá as plantas saudáveis e, claro, poupará muita água. Os temporizadores ou controladores podem ser electrónicos ou electromecânicos e têm características diferentes consoante as áreas em que vão funcionar. Têm características de fácil utilização e opções de poupança de água; são uma boa escolha para a maioria dos sistemas de rega.

2.4.1.3 Culturas mais adequadas

A irrigação por gotejamento é mais adequada para culturas em linha, especialmente hortícolas, frutos de baga, árvores e videiras em que se pode fornecer um ou mais emissores para cada planta. Normalmente, só são consideradas culturas de elevado valor devido aos elevados custos de capital inicial da instalação de um sistema de gotejamento.

2.4.1 .4 Inclinações úteis

A irrigação por gotejamento pode ser instalada e funcionar eficientemente em qualquer declive farmacológico, o que é uma das vantagens do sistema. Normalmente, a cultura seria plantada ao longo de curvas de nível e os tubos de abastecimento de água (laterais) seriam também colocados ao longo do contorno. É feito para minimizar as alterações na descarga dos emissores como resultado de alterações na elevação do terreno.

2.4.1 . 5 Água de rega adequada

O problema mais importante da irrigação por gotejamento é o bloqueio dos emissores. Os cursos de água dos emissores são muito pequenos, variando entre 0,2-2,0 mm de diâmetro e estes podem ser bloqueados se a água não estiver limpa e sem sedimentos. Se a água de rega sem sedimentos não estiver disponível, então tem de ser instalado um sistema de filtragem da água de rega.

O problema do bloqueio também pode ocorrer se a água contiver algas, depósitos de fertilizantes e produtos químicos dissolvidos que precipitam, como o cálcio e o ferro. A filtragem da água de rega pode remover alguns dos sedimentos, mas se o problema for mais complexo de resolver, então é necessário um engenheiro experiente ou consultar o fornecedor do equipamento. A rega gota-a-gota é particularmente adequada para água de rega de má qualidade, como água salina.

2.4.1.6 Solos adequados para o sistema

A irrigação por gotejamento pode ser efectuada com sucesso na maior parte dos solos. Deve ter-se cuidado com os solos argilosos, onde a água deve ser aplicada lentamente para evitar a acumulação e o escorrimento das águas superficiais. No entanto, nos solos arenosos, serão necessárias taxas de descarga mais elevadas para assegurar uma humidificação lateral adequada do solo, a fim de melhorar a eficiência do sistema.

2.4.1.7 Benefícios da rega gota-a-gota

- ➢ A irrigação por gotejamento pode ser eficaz, mesmo que a água seja escassa ou cara, devido ao facto de a evaporação, escoamento e percolação profunda serem reduzidos e a uniformidade da irrigação ser melhorada.
- ➢ O sistema de rega gota-a-gota pode ser adaptado a qualquer topografia, mesmo em terrenos irregulares e difíceis ou qualquer textura do solo.

➢ Os sistemas de gotejamento são eficazes quando outros sistemas de irrigação são ineficientes devido a partes do campo com problemas de infiltração excessiva, de poça de água ou de escoamento.

➢ A fertirrigação (fornecimento de fertilizantes juntamente com água) é possível com a irrigação por gotejamento. Os custos dos fertilizantes e as perdas de nitratos podem ser reduzidos. As aplicações de nutrientes podem ser melhor calendarizadas para satisfazer as necessidades das plantas.

➢ Os sistemas de rega gota-a-gota podem ser concebidos, instalados e geridos de forma a permitir as operações dos tractores em qualquer momento. A aplicação de herbicidas, insecticidas e fungicidas não será afectada.

➢ Em cebola, brócolos, alface, melão, tomate, algodão, etc., foram observadas boas respostas em termos de rendimento e qualidade à rega por gotejamento.

➢ Para locais onde com linhas de serviço de água antigas em aço galvanizado, onde a corrosão resultou num diâmetro estreito, pode beneficiar de um reequipamento para rega por gotejamento. A redução do volume de água necessária para a rega gota-a-gota é uma boa combinação com linhas de abastecimento restritas.

➢ Os sistemas de irrigação por gotejamento podem ser operados com um controlador AC ou alimentado por bateria. A rega gota-a-gota totalmente automatizada para jardins e rega de jardins é uma vantagem para pessoas com estilos de vida agitados.

➢ O sistema de rega gota-a-gota pode ser automatizado e, por conseguinte, o número de trabalhadores pode ser reduzido.

➢ A água é distribuída lentamente acima, sobre ou abaixo da superfície do solo. Portanto, minimiza a perda de água devido ao escorrimento, vento e evaporação. Pode ser operado em locais com muito vento, ao contrário da irrigação por aspersão.

➢ A coloração e deterioração das vedações de privacidade da madeira e manchas de mofo nas paredes das casas devido ao excesso de pulverização da rega por aspersão é eliminada com o uso de gotejadores. Isto deve-se ao facto de a água não sair da paisagem com rega gota-a-gota, a deterioração do pavimento associada ao escorrimento da rega por aspersão é eliminada.

2.4.1.8 Desvantagens da rega gota-a-gota

➢ A exigência de um investimento inicial e de custos de instalação elevados para o estabelecimento dos sistemas de rega gota-a-gota constitui a principal desvantagem. Parte do custo é um investimento de capital útil durante vários anos, e a outra parte é numa base anual. Os novos produtores de irrigação por gotejamento poderão querer começar com um sistema relativamente simples numa pequena superfície.

➢ É necessária mão-de-obra treinada ou qualificada para gerir e manter os sistemas de rega gota-a-gota. A tubagem ou a fita adesiva gota-a-gota devem ser geridas de modo a evitar fugas ou obstruções. Os emissores do sistema são facilmente bloqueados ou obstruídos por sedimentos ou outras partículas não filtradas da água de rega. O bloqueio dos emissores também pode ser causado pelo crescimento de algas na fita adesiva ou por depósitos químicos.

➢ O calendário de controlo de ervas daninhas tem de ser redesenhado. O sistema de irrigação por gotejamento pode ser insatisfatório se os herbicidas precisarem de irrigação por aspersão para activação. Pelo contrário, a irrigação por gotejamento pode melhorar o controle de ervas daninhas em climas áridos, mantendo a maior parte da superfície do solo seca. A escolha da profundidade da fita deve ser feita com cuidado para que seja compatível com operações como o cultivo e a monda.

➢ Este tipo de sistema de irrigação exige custos adicionais de limpeza após a colheita. É necessário planeamento para a eliminação, reciclagem ou reutilização da fita adesiva gota-a-gota.

➢ São necessárias inspecções de manutenção constantes para manter a eficácia do sistema - o mesmo que acontece com os sistemas de aspersão de alta pressão. Os bloqueios são muito menos prováveis com água filtrada e regulação adequada da pressão utilizada em combinação com emissores autolimpantes.

➢ A tubagem deste tipo de irrigação pode constituir um risco de tropeçar, especialmente para cães e crianças. Isto pode ser resolvido se for coberto com cobertura de palha e fixado com pinos de ancoragem de arame a cada 2 a 3 pés. As linhas de gotejamento também podem ser facilmente perturbadas ou cortadas enquanto se realizam outras operações interculturais.

➢ Quando os emissores estão mal colocados, demasiado largos ou em menor número, a limitada área do solo molhada pode restringir o desenvolvimento radicular. Com este tipo de sistema, a infiltração de água ao nível do solo é difícil de ver e torna difícil saber se o sistema está a funcionar correctamente. Os dispositivos indicadores que levantam e baixam uma bandeira para mostrar quando a água está a fluir estão disponíveis para resolver este problema.

2.4.1.9 Disposição do sistema de gotejamento

O desenho de um sistema de rega gota-a-gota típico é apresentado na figura 61 e é composto pelos seguintes componentes:

➢ Bomba de água pressurizada sem monitor

- Cabeça de controlo
- Linha principal
- Laterals
- Emissores ou gotejadores
- Unidade filtrante

A unidade de bombagem ou a fonte de água pressurizada levanta e fornece água da fonte e fornece a pressão correcta para a entrega no sistema de tubagens.

A cabeça de controlo é constituída por válvulas de controlo para controlar a descarga e a pressão em todo o sistema de gotejamento. Além disso, também pode ter filtros para limpar a água. A maioria dos tipos comuns de filtros inclui filtros de crivo e filtros de areia graduados que removem o material fino suspenso na água. Frequentemente, as unidades de cabeça de controlo contêm um depósito de fertilizantes ou de nutrientes. Estes misturam lentamente uma dose medida de fertilizante na água durante a irrigação. Isto é chamado fertirrigação, que é uma das principais vantagens da irrigação por gotejamento em relação a outros métodos.

As linhas principais e laterais são as linhas de tubos que abastecem de água a partir da cabeça de controlo para os campos. São normalmente feitos de PVC ou mangueira de polietileno e devem ser enterrados debaixo do solo porque se degradam facilmente quando expostos à radiação solar directa. Os tubos laterais são normalmente de 13-35 mm de diâmetro.

A instalação da linha principal deve ser feita acima do tecido de ervas daninhas e sob cobertura morta para mantê-la fora da vista e evitar o risco de tropeçar. Também irá minimizar a exposição à luz e maximizar a durabilidade. Os sistemas de gotejamento podem ser facilmente alterados à medida que as plantas crescem e precisam de ser alteradas. É aconselhável usar tampões para tapar buracos na linha principal que já não são necessários.

É aconselhável utilizar componentes gotejadores concebidos para funcionar a baixas pressões entre 15 e 20 psi quando a pressão da fonte é baixa. Localizar pelo menos um emissor de gotejamento no ponto mais baixo do sistema ou instalar aí uma válvula para que as linhas possam ser drenadas durante a estação baixa.

2.4.1 . 10 Emissores ou gotejadores

Os gotejadores emissores são dispositivos utilizados para controlar a velocidade e a quantidade de água a ser descarregada das laterais para as plantas. São normalmente espaçados mais do que um metro, com um ou mais emissores utilizados para uma única planta, especialmente para árvores. Nas culturas em linha, os emissores mais espaçados podem ser utilizados para molhar uma faixa de solo. Nos últimos anos, foram produzidos diferentes modelos de emissores. O objectivo das várias concepções é produzir um emissor que forneça uma descarga constante especificada que não varie muito com as alterações de pressão e que não tenha problemas de bloqueio.

São normalmente utilizados principalmente dois tipos de emissores, o sensível à pressão e o compensador de pressão. Os emissores sensíveis à pressão fornecem um caudal mais elevado a pressões de água mais elevadas, enquanto os emissores compensadores de pressão fornecem o mesmo caudal numa vasta gama de pressões. A maior parte dos emissores recentemente introduzidos são compensadores de pressão. O fluxo turbulento e os emissores de diafragma não estão ligados à tomada de corrente. Os emissores são geralmente fixados na linha principal ou colocados nas extremidades dos microtubos de ¼ polegadas. Os emissores em linha são autolimpantes e resistentes ao entupimento desde que seja utilizada a filtração da água do sistema com filtros de 200 mesh.

A tubagem dos emissores é útil para plantas muito espaçadas. As tubagens emissoras fornecem água uniformemente em todo o seu comprimento. O sistema de gotejamento com microprays emite grandes gotículas ou finos fluxos de água logo acima do solo, que são necessários para várias culturas. A sua superfície está disponível com bicos em forma de círculo completo, meio e quarto de círculo, com diâmetros húmidos que variam entre 18 polegadas e 12 pés. Devem ser colocados numa zona separada de outros dispositivos de gotejamento devido à sua maior utilização de água, que pode variar de 7 a 25 gph.

É sempre aconselhável adicionar o caudal de todos os emissores, tubagem emissora e componentes utilizados numa zona para garantir que não se excedeu o caudal máximo para a zona. Por exemplo, um emissor de cinquenta e dois gph requer 100 galões de caudal por hora (50 x 2 = 100 gph). Para avaliar o caudal da fonte, faça correr toda a água de uma torneira exterior e anote o número de segundos que demora a encher um balde. Calcular os galões de fluxo por hora (gph) dividindo o tamanho do balde em galões pelo número de segundos necessários para o encher, e depois multiplicar por 3600 segundos para os galões por hora.

Normalmente, os grandes sistemas de rega gota-a-gota utilizam unidades filtrantes para evitar o entupimento do pequeno percurso do caudal emissor por pequenas partículas transportadas pela água. Estão agora a ser oferecidas altas tecnologias que minimizam o entupimento. Os filtros instalados imediatamente antes dos tubos de distribuição final são fortemente recomendados, para além de qualquer outro sistema de filtragem, devido à deposição de partículas finas e à inserção acidental de partículas nas linhas ou tubos intermédios.

2.4.1 . 11 Instalação de emissores ou gotejadores

Os emissores de gotejamento devem ser instalados de forma a que a água atinja a zona radicular das plantas. As raízes crescerão bem quando as condições forem favoráveis para elas, principalmente quando houver o equilíbrio adequado entre a água e o ar no solo.

Projectar e instalar o sistema de gotejamento de acordo com as necessidades de água da cultura. Nas novas plantações, os emissores devem ser colocados sobre o torrão. Para as perenes, os emissores podem ser colocados permanentemente, ao contrário das árvores e arbustos que requerem que os emissores sejam afastados do tronco e que outros sejam adicionados à medida que as plantas crescem. Normalmente, as plantas maiores têm sistemas radiculares maiores e mais extensos. Para além disso, é necessário um maior número de emissores com plantas maiores e plantas mais consumidoras de água. Embora seja necessário um menor número de emissores de menor caudal com plantas de baixa necessidade de água ou plantas que apenas receberão água ocasionalmente após o estabelecimento.

Para solos argilosos ou argilosos, considerar dois emissores de 0,5 gph na base de uma flor perene para garantir a rega se esta falhar. No caso de um arbusto de 1 a 5 pés e uma pequena árvore com menos de 15 pés na maturidade, serão inicialmente necessários dois emissores de 1 gph a 12 polegadas da base da planta. Modifique para 2 e depois 4 gph emissores de fluxo mais altos se plantar uma árvore de tamanho maior e à medida que a árvore pequena cresce. No caso de um arbusto de 5 pés ou mais pode necessitar de três emissores de 1 gph.

A amedium tree de 15 a 25 pés pode exigir, em última análise, quatro emissores a dois pés do tronco. Ao plantar um "chicote", é possível começar com dois emissores de 0,5 gph e mudar para um fluxo mais alto e mais emissores à medida que a árvore cresce. Comece com três emissores de 2 gf numa árvore de 1 polegada de calibre e com três emissores de 4 gf numa árvore de 2 polegadas de calibre na plantação.

Normalmente, as árvores com mais de 25 pés na maturidade podem não ser práticas de irrigação com gotejamento, devido à natureza extensiva dos sistemas radiculares das árvores e à massa das árvores. É aconselhável aumentar o número de emissores e alterá-los para 2 ou 4 gph ou fluxos maiores à medida que as árvores e os arbustos crescem.

2.4.1 .12 Exploração do sistema de gotejamento

Os sistemas de irrigação por gotejamento são geralmente concebidos e instalados para funcionar durante uma hora de funcionamento por semana após a instalação da planta. Planear e instalar os tamanhos e números dos emissores em conformidade. A irrigação duas vezes por semana pode ser necessária após a plantação em solos arenosos ou em plantas que necessitem de um solo regularmente húmido. Considerando que, para as plantas nativas ou xericais que não crescem bem em solos regularmente húmidos, operar o sistema semanalmente ou de duas em duas semanas em plantas já estabelecidas e deixar secar o solo no meio. Estas plantas incluem, a maioria das Salvias, PinyonPine, Apache plume, Nepeta, Centranthus, Penstemons, Artemesia, etc.

Factores-chave como o tipo de solo, as necessidades hídricas das culturas e a estação devem ser considerados ao fixar e ajustar os tempos de rega. Além disso, será necessária mais água no pico do calor do Verão do que nas primaveras mais frias e temperaturas mais baixas, pelo que os tempos de rega serão consequentemente alterados.

2.4.1 . 13 Manutenção do sistema de gotejamento

Se irrigar pela primeira vez antes da estação, enxaguar a linha principal para limpar qualquer sujidade acumulada e limpar o filtro. Certifique-se de que tapa o sistema, pressurize e verifique os emissores para ter a certeza de que estão a funcionar. É aconselhável limpar os emissores, se necessário, mergulhando-os em água e utilizando ar forçado para limpar as partículas.

Ao longo de todo o período de cultivo, verificar frequentemente os emissores e limpá-los para um funcionamento adequado. Após uma pausa e reparações, enxaguar o sistema periodicamente para evitar o entupimento dos emissores. Limpe o filtro mais frequentemente se utilizar água de poço ou de tanque e menos frequentemente se utilizar água municipal.

Normalmente, a manutenção do sistema de gotejamento durante o Inverno é mínima. Desmontar e desligar o conjunto da cabeça, que consiste na válvula de controlo (se portátil), dispositivo anti-retorno, filtro e regulador de pressão e armazenar no interior durante os meses de Inverno.

As economias de água realizadas através da rega gota-a-gota são principalmente as reduções na fertirrigação profunda, no escoamento superficial e na evaporação do solo. A rega gota-a-gota não substitui outros métodos comprovados de irrigação. É mais adequada para áreas onde a qualidade da água é marginal, a terra é fortemente inclinada ou ondulada e de má qualidade, onde a água ou a mão-de-obra é cara, ou onde culturas de alto valor requerem aplicações frequentes de água. É o tipo de irrigação mais eficiente em termos de utilização económica da água e eficiência na utilização da água.

Capítulo - 3 Problemas e sua gestão na agricultura de regadio

Embora a irrigação converta as terras improdutivas em terras altamente produtivas, a irrigação também causa problemas gerais nas terras irrigadas, se feita de forma inadequada. O excesso de irrigação provoca o corte de água, que é prejudicial ao crescimento e à produção. Além disso, a irrigação com água de má qualidade, salinidade do solo, alcalinidade, risco de sodicidade e toxicidade são alguns dos problemas associados aos efeitos nocivos da irrigação. A gestão das terras irrigadas devido aos efeitos nocivos da irrigação também faz parte da gestão da irrigação e é crucial para a optimização da produção agrícola. Extensas áreas de terra nas regiões áridas e semi-áridas têm saído de cultivo devido à subida dos lençóis freáticos e à acumulação de sal. O excesso de irrigação e a má gestão da água são as principais causas do corte de água e da acumulação de sal. O desenvolvimento da salinidade dos solos é um desafio para a sustentabilidade da agricultura de irrigação. A acumulação de sal no solo conduz a relações desfavoráveis entre água e ar no solo e diminui a produção agrícola. Os problemas surgem devido aos efeitos nocivos da irrigação, que são discutidos mais adiante:

3.1 Salinidade

A acumulação de sais em excesso no solo é conhecida como salinidade do solo. A rega com água de baixa qualidade com elevado teor de sódio ou sal total pode causar salinidade. A salinidade do solo conduzirá a uma relação desfavorável solo-água-planta e é prejudicial para o crescimento e produção das culturas. O problema da salinidade ocorre se o sal se acumular na zona radicular da cultura em concentração elevada e causar perda de rendimento. A gestão ineficiente da água e a irrigação excessiva são as principais razões para os problemas de salinidade do solo.

A rega com elevado teor de sódio ou de água salgada total tornará o solo improdutivo e poderá provocar uma redução significativa do rendimento das culturas. Os sais formam-se no solo principalmente através da meteorização dos minerais do solo ou pela acumulação de sais da água da rega tendem a acumular-se no solo.

A extensão e natureza da acumulação de sal e o grau de salinidade e alcalinidade do solo dependem da qualidade da água de rega, da frequência da rega e das características de tolerância ao sal da cultura, do tipo de solo e da sua permeabilidade, bem como de factores climáticos. Normalmente, os solos de textura leve são menos salinizados do que os solos de textura pesada. Se o solo tiver uma panela dura de calcário ou argila, aumentará o grau de alcalinidade. O estado do solo torna-se mais complexo de prever quando a profundidade do lençol freático é pouco profundo e a qualidade da água de rega é inferior. Em tais condições, o equilíbrio salino próximo da zona radicular é regido pelo efeito colectivo da qualidade da água de rega, das práticas de irrigação adoptadas, das propriedades de transmissão da água do solo e das condições climáticas.

Em zonas como planícies aluviais, deltas e cinturões costeiros e em zonas de lençóis freáticos pouco profundos, a acumulação de sal é geralmente elevada. Nessas condições, o escoamento superficial é elevado e a água de drenagem evapora, deixando o sal à superfície do solo. Em regiões de lençóis freáticos pouco profundos, os sais sobem devido ao gradiente térmico e são acumulados à superfície do solo. As águas subterrâneas salinas e os lençóis freáticos pouco profundos são factores que favorecem os problemas de salinidade nos solos. A taxa de salinização por acção capilar diminui quando a profundidade do lençol freático é superior a 1,5 m e quando o teor de água do solo também é baixo.

Durante a irrigação, um grande volume de água percola até à camada inferior, em resultado da qual a profundidade do lençol freático tende a diminuir. Nessas condições, os sais presentes na água sobem por capilaridade e acumulam-se na superfície devido à evaporação.

Para além dos factores acima referidos, os problemas de salinidade e alcalinidade desenvolvem-se também em áreas com instalações de drenagem eficientes, geralmente devido a uma irrigação insuficiente para satisfazer tanto as necessidades das culturas como as exigências de lixiviação do solo. A falta de sistema de drenagem é outro factor intimamente associado ao desenvolvimento da salinidade do solo. Em algumas áreas, apesar da boa qualidade da água de rega e das boas práticas de irrigação, a salinidade do solo desenvolve-se devido às más condições físicas do solo, que impedem a drenagem da água em excesso.

Seguem-se alguns dos solos formados devido ao excesso de deposição de sais:

3.1.1 Solos salinos

Os "Thesoils", que contêm sais solúveis, principalmente cloretos e sulfatos de sódio, cálcio e magnésio, em quantidades suficientes para impedir o crescimento da maioria das plantas cultivadas, são designados por solos salinos. O pH da pasta saturada destes solos é inferior a 8,5, a condutância eléctrica (CE) é superior a 4 deci-Siemens/m (dS/m) e a percentagem de sódio permutável (ESP) é inferior a 15.

3.1.2 Solos alcalinos

Os solos alcalinos contêm sais dominados por bicarbonatos, carbonatos e silicatos de sódio, capazes de hidrólise alcalina ou com suficiente sódio permutável para interferir com o crescimento da maioria das culturas. O PH do solo é superior a 8,5, a condutividade eléctrica do extracto de saturação é inferior a 4dS/m e a percentagem de sódio permutável é igual ou superior a 15. O excesso de sódio no complexo de permuta confere a estes solos propriedades físicas deficientes, tais como baixas taxas de infiltração.

3.1.3 Solos salino-alcalinos

Os solos salino-alcalinos são solos que apresentam CE do extracto de saturação superior a 4 miliohms/cm a 25oc e o seu valor ESP superior a 15. O pH da pasta saturada do solo pode geralmente exceder 8,5.

Em geral, nas zonas irrigadas, os sais são frequentemente originários de um lençol freático salino, elevado ou de sais da água aplicada. A redução do rendimento ocorre quando os sais se acumulam na zona radicular a tal ponto que a cultura já não consegue extrair água suficiente da solução salina do solo, resultando num stress hídrico durante um período de tempo significativo. Quando a absorção de água é sensivelmente reduzida, a planta abranda o seu ritmo de crescimento. Os sintomas da planta são semelhantes aos da seca, como a murchidão, ou uma cor verde-azulada mais escura e, por vezes, folhas mais espessas e enceradas. O sintoma da planta varia com a fase de crescimento, sendo mais perceptível se os sais afectarem a planta durante as primeiras fases de crescimento. Em poucas situações, os efeitos dos sais suaves podem passar totalmente despercebidos devido a uma redução uniforme do crescimento em todo um campo.

No entanto, a salinidade do solo pode ser removida, uma vez que os sais que provocam riscos de salinidade são solúveis em água e facilmente transportados pela água. A parte dos sais que se acumula nas regas anteriores pode ser deslocada (lixiviada) abaixo da profundidade de enraizamento se a água de rega infiltrar mais no solo do que é utilizada pela cultura durante a época de cultivo. Os sais do solo podem ser lixiviados com a irrigação. Como a remoção do sal por lixiviação deve ser igual ou superior às adições de sal da água aplicada para evitar a acumulação de sal até uma concentração prejudicial, a água de rega deve ser estimada tendo em conta as necessidades de lixiviação. A quantidade de água de rega necessária para a lixiviação depende da qualidade da água de rega e da tolerância à salinidade da cultura cultivada. A concentração de salinidade na zona radicular varia em função da profundidade. Vai desde a quase totalidade da água de rega próxima da superfície do solo até muitas vezes a da água aplicada no fundo da profundidade de enraizamento. A concentração de sal aumenta com a profundidade, o que se deve principalmente à extracção de água pelas plantas, mas deixa os sais num volume muito reduzido de água do solo. Em seguida, cada nova irrigação empurra (lixivia) os sais mais profundamente para a zona radicular onde continuam a acumular-se até à lixiviação. A salinidade na zona de enraizamento mais baixa dependerá da lixiviação que tiver ocorrido. Após a rega, a água mais facilmente disponível encontra-se na zona radicular superior - uma zona de baixa salinidade. Quando a cultura utiliza água, a zona radicular superior fica esgotada e a zona de maior disponibilidade de água muda para as zonas mais profundas, à medida que o intervalo de tempo entre regas é prolongado. Por conseguinte, as profundidades inferiores são normalmente mais salinas. Por conseguinte, a cultura não responde aos extremos de baixa ou alta salinidade na profundidade de enraizamento, mas integra a disponibilidade de água e retira água de onde ela está mais prontamente disponível.

A programação da rega, que envolve a frequência, tempo, intervalo e quantidade de água de rega, é assim importante para manter uma elevada disponibilidade de água no solo e reduzir os problemas causados quando a cultura tem de retirar uma porção significativa da sua água da zona menos disponível, maior salinidade na água do solo, mais profunda na zona radicular. Para conseguir uma melhor produção das culturas, deve ser dada igual importância à manutenção de uma elevada disponibilidade de água no solo e à lixiviação dos sais acumulados da profundidade de enraizamento antes de a concentração de sais exceder a tolerância da planta. As diferenças não são muito elevadas, mas podem tornar-se importantes na gama superior de salinidade. Muitos problemas de salinidade estão associados ou são fortemente influenciados por um lençol freático pouco profundo (a menos de 2 metros da superfície) nos solos irrigados. A deposição de sais nos lençóis freáticos torna-se frequentemente uma importante fonte adicional de sal que se desloca para cima na zona das raízes da cultura. Por conseguinte, um lençol freático pouco profundo é muito importante para o controlo da salinidade e para alcançar a produtividade da agricultura de regadio a longo prazo.

3.1.4 Impacto da salinidade

A salinidade é um grande problema em zonas áridas onde as águas de rega contêm quantidades significativas de sais solúveis/dissolvidos. Os principais factores que influenciam a produtividade das zonas áridas são os seguintes:

- Sais solúveis em excesso
- Excesso de sódio permutável
- Escassez de humidade/ seca.

Estes factores tornam os solos salinos e alcalinos uma característica comum das regiões áridas. Nos solos irrigados, as principais fontes de salinidade são geralmente os lençóis freáticos, que são ricos em sais e também em sais da água aplicada. O controlo da salinidade é um dos principais objectivos da gestão da irrigação. Nas regiões húmidas, este problema não tem grande importância, uma vez que a água da chuva nestas zonas está quase isenta de sais dissolvidos.

Por conseguinte, é importante remover uma porção da solução concentrada do solo da zona radicular da cultura através de lixiviação para evitar que a salinidade do solo atinja níveis nocivos. Nos solos com drenagem e infiltração adequadas, os sais serão lixiviados sempre que as aplicações de água excedam a evapotranspiração. Assim, a chave para o controlo da salinidade é um movimento líquido para baixo da água do solo na zona radicular.

3.1.5 Tolerância das culturas ao sal

Os efeitos nocivos da salinidade no solo sobre o crescimento das plantas variam de acordo com a cultura que está a ser cultivada. A salinidade na solução do solo resultante do sal autóctone ou da adição por irrigação pode afectar o crescimento e desenvolvimento das plantas de duas formas:

1. A salinidade pode reduzir o potencial osmótico e, consequentemente, o potencial hídrico, reduzindo assim a disponibilidade de água. Isto é referido como **efeito osmótico** (efeito salino não específico).
2. A salinidade também pode aumentar a concentração de certos iões que têm um efeito tóxico característico no metabolismo das plantas para além do efeito osmótico. A isto se chama **efeito de iões específicos**.

3.1.5.1 Efeito osmótico

O efeito osmótico dos solos salinos é crucial, uma vez que tanto o potencial osmótico como o potencial matricial são aditivos e, em condições normais de campo, determinam o potencial solo/água. Por conseguinte, em qualquer potencial matricial, um aumento da salinidade conduzirá a uma redução do valor do potencial hídrico total, o que resultará numa diminuição da absorção de água pelas raízes e na subsequente redução da transpiração das culturas. A aparente escassez de água dentro da cultura quando se cultiva num solo salino húmido é conhecida como *seca fisiológica*. O potencial osmótico da cultura muda de forma a manter um gradiente constante de potencial hídrico entre o solo e as raízes da cultura. Isto é conhecido como **ajustamento osmótico**. Durante o processo de ajustamento osmótico, as alterações fisiológicas que ocorrem na cultura têm um efeito adverso no crescimento da cultura. As funções metabólicas que são afectadas na cultura:

- Fotossíntese
- Respiração
- Abertura do estômago
- Produção de hormonas

Considerando que as alterações morfológicas e anatómicas podem ajudá-los a manter relações favoráveis cultura-água e a melhorar as hipóteses de sobrevivência da cultura. Estas mudanças são:

- O número de folhas reduz
- Folhas mais pequenas
- Os estômatos por unidade de superfície foliar são reduzidos
- A suculência aumenta
- As cutículas das folhas tornam-se mais espessas e as camadas superficiais de cera.

Em condições graves / concentração de salinidade / alguns sintomas visíveis podem ser observados, tais como queimadura marginal das folhas ou necrose.

Tabela: Categorização das culturas com base na sua sensibilidade ou tolerância ao sal

Sensitive	Moderadamente sensível	Moderadamente tolerante	Tolerante
Cebola	Alfalfa	Aveia	Por pouco
Laranja	Couve	Sorgo	Algodão
Tomate	Batata de suor	Trigo	
< 8 mmhos cm-1	8-16	16-24	24-32

3.1.5.2 Efeitos de iões específicos

Os elementos com efeito iónico específico significativo em termos de relação solo-água são o cloreto, o sódio e o boro.

Cloreto

- Presente numa vasta gama de concentrações em águas e solos de rega.

- Os sintomas aparecem nas culturas sensíveis quando a concentração nas folhas é de cerca de 0,5% em relação ao peso seco.

- Um sintoma típico - a queima das margens das folhas e a queda precoce das folhas nos citrinos.

- A maioria das culturas arvenses pode tolerar até 5-10% sem desenvolver sintomas de lesões.

Tabela: Níveis perigosos de cloreto no extracto de saturação para diversas variedades de frutos

Variedade	Cloreto (extracto de saturação meq/l)
Mandarim	25
Laranja azeda	15
Laranja doce	10

Sódio

- Como as folhas das culturas sensíveis se acumulam mais de 0,25% (sódio) com base no peso seco, surgem sintomas de queimadura das folhas.

- Quando a percentagem de sódio permutável (ESP) aumenta, as culturas mais tolerantes apresentam efeitos tanto das más condições do solo como de uma nutrição desequilibrada.

Tabela: Tolerância de várias culturas ao ESP

Tolerância ao ESP (intervalo em que foi afectado)	Cultura	Efeito nas culturas em condições de campo
Extremamente sensível (ESP = 2-10)	Frutas, citrinos, abacate, nozes, frutos de casca rija	Sintomas de toxicidade do sódio, mesmo com baixo teor de ESP.
Sensível (ESP = 10-20)	Feijão	Crescimento atrofiado a baixos valores de ESP, embora o estado físico do solo possa ser bom.
Moderadamente tolerante (ESP= 20-40)	Arroz, Trevo, Aveia	Crescimento retardado devido tanto a factores nutricionais como a condições adversas do solo.
Tolerante (ESP = 40-60)	Trigo, algodão, alfafa, por pouco, tomate	Crescimento atrofiado devido a condições físicas adversas do solo.
Mais tolerante (ESP > 60)	Relva de Rodes	Retardamento do crescimento geralmente devido a condições físicas adversas do solo.

Boro

- A presença de Boro afecta todas as culturas quando mesmo os níveis moderadamente baixos estão presentes na solução do solo, ao contrário do cloreto e da toxicidade do sódio.

- Em geral, os níveis de boro superiores a 200 ppm estão associados à toxicidade do boro.

Tabela: Gama de Boro na água de rega para diferentes graus de tolerância ao boro

Tolerante (4-2 ppm de boro)	Semi tolerante (2-1 ppm de boro)	Sensível (1-0,3 ppm de boro)
Beterraba sacarina, Alfafa, Fava, Alface, Espargos de cenoura, Palma, Cebola, Couve	Ervilha do campo, Mal, Trigo, Milho, Aveia, Girassol, , Abóbora, Batata doce, Batata, Algodão, Tomate, Ervilha doce	Damasco, Laranja, Abacate, Pêra, , Maçã Limão, Uva, Pêssego

Factores que influenciam a tolerância ao sal

1. Fase de crescimento das culturas
2. Variedades
3. Condições climatéricas (precipitação, temperatura, humidade atmosférica)
4. Gestão da água
5. Fertilização

3.1.6 Avaliação da qualidade da água de rega

A qualidade da água refere-se às características de um abastecimento de água que irão influenciar a sua adequação a uma utilização específica, ou seja, a forma como a qualidade satisfaz as necessidades do utilizador. Mesmo uma preferência pessoal, como o gosto, é uma simples avaliação da aceitabilidade. Por exemplo, quando estão disponíveis duas águas potáveis de qualidade igualmente boa, as pessoas podem manifestar uma preferência por um abastecimento em vez do outro; a água com melhor sabor torna-se o abastecimento preferencial. Na avaliação da água para irrigação, a ênfase é colocada nas características químicas e físicas da água e só raramente outros factores são considerados importantes.

Vários problemas associados à agricultura de regadio são devidos à composição química da água aplicada. Dado que estão presentes quantidades variáveis e espécies diferentes de sal em todas as águas, foi feito um esforço considerável para classificar a qualidade da água em termos da sua **composição química**. Por conseguinte, a composição química da água é um factor determinante da sua qualidade. A **concentração total** e o **tipo de iões constituintes** presentes na água são os parâmetros a avaliar na avaliação da adequação da água de rega.

Os iões seguintes são analisados para determinar a adequação da água para irrigação:

1. Aniões - sulfatos (SO_4^{2-}), carbonatos (CO_3^{2-}), cloretos (Cl^-), bicarbonatos (HCO_3^-)
2. Catiões - Magnésio, Cálcio, Sódio e Potássio
3. Salinidade total medida pela condutividade eléctrica (CE)
4. Outros, como o boro, os nitratos (NO_3^-), etc.

3.1.7 Relatórios dos resultados das análises

Geralmente as análises químicas são relatadas em miliequivalentes por litro (meq/l) ou miligramas por litro (mg/l). Este último é o mesmo que partes por milhão (ppm). A relação entre as unidades é a seguinte:

$$\frac{mg/l}{g\,equivalent\,wt} = \frac{meq}{l}$$

A concentração total de sal pode ser expressa como sólido total dissolvido (TDS) em mg/l. Pode ser calculada evaporando até à secura uma alíquota de água filtrada e pesando o resíduo. A utilização de CE tornou-se, no entanto, o padrão de comparação da salinidade da água. Devido à menor concentração de sal na água, a CE em μmhos/cm é frequentemente utilizada como medida de salinidade para a água de irrigação e a CE em mmhos/cm é utilizada para a água do solo.

3.1.8 Critérios para a qualidade da água de irrigação

As seguintes características são normalmente utilizadas para avaliar a água de rega:

a) Salinidade

b) Sodicity

c) Toxicidade

3.1.8.1 Salinidade

A salinidade na água de rega é medida pela condutividade eléctrica do extracto de saturação. Isto deve-se ao facto de os electrólitos se dissociarem em iões carregados na presença de água. Os iões transportam corrente eléctrica, a relação entre a concentração de iões e a capacidade condutora de corrente é directamente proporcional entre si, quanto maior a concentração de iões, maior a capacidade condutora de corrente ou a condutividade eléctrica da solução do solo. A condutividade eléctrica da água é expressa em ohms recíproco, ou seja ohms-1, e referida como mho.

A relação do potencial osmótico de uma solução com a sua Condutividade Eléctrica (CE) é

$\psi_0 = -0,36EC.$

em que a condutividade eléctrica (CE) é expressa em mmhos/cm a 25 °C e ψ_0 é expressa em barras.

Dado que ψ_{oo} e a CE de uma solução estão relacionados, presume-se que também existe uma relação entre concentração e CE. A relação é, na prática, a seguinte:

Concentração de sal (mg/l) ou ppm = 640 x EC (mmhos/cm)

Concentração catiónica total (meq/l) = 10 x EC (mmhos/cm)

3.1.8.2 Risco de sodicidade

As elevadas concentrações de sódio na água de irrigação são prejudiciais para o crescimento das culturas porque o sódio se adsorve nos locais de troca catiónica do solo, provocando a decomposição (dispersão) dos agregados do solo, selando os poros do solo e tornando-o menos permeável ao fluxo de água. Assim, a principal preocupação decorrente das elevadas concentrações de sódio ou de sodicidade nos solos e nas águas de rega é a eventual deterioração da estrutura do solo, resultando numa menor infiltração da água e condutividade hidráulica. A presença de elevado teor de sódio pode também aumentar as dificuldades das operações agronómicas através da crostas dos canteiros, da saturação temporária dos solos superficiais e/ou de possíveis doenças, ervas daninhas, oxigénio e problemas nutricionais. A tendência do sódio na água de irrigação para aumentar a sua proporção nos locais de troca catiónica em detrimento de outros tipos de catiões é estimada pela razão entre o teor de sódio e o teor de cálcio mais magnésio na água e noutros catiões.

Para avaliar os problemas de risco de sodicidade na água de rega, podem ser utilizados os seguintes parâmetros:

- ❖ A percentagem de sódio permutável (ESP)
- ❖ Taxa de adsorção de sódio (SAR)

3.1.8.3 Taxa de adsorção de sódio

O rácio de adsorção de sódio descreve ou mede os catiões de sódio em relação aos iões Ca e Mg presentes numa solução;

$$SAR = \frac{\left[Na^+\right]}{\sqrt{\dfrac{(Ca^{2+} + Mg^{2+})}{2}}} (mmol/l)^{1/2}$$

O Índice de Adsorção de Sódio (SAR) descreve a tendência do solo para se tornar mais elevado em sódio permutável; um valor SAR mais elevado no solo significa percentagens de sódio permutável mais elevadas e menor permeabilidade do solo. Quando a água de irrigação contém bicarbonato (HCO3-) e iões carbonato (CO32-), estes irão precipitar com cálcio e magnésio, o que aumenta o Rácio de Adsorção de Sódio.

3.1.8.4 Percentagem de sódio permutável (ESP)

Percentagem de sódio permutável (ESP) mede a percentagem de catiões de sódio em relação ao total de catiões presentes numa solução:

$$ESP = \frac{Exchageable\ sodium}{Cation\ exchange\ capacity} x100$$

3.1.8.5 Risco de toxicidade

Os riscos de toxicidade surgem se determinados constituintes tóxicos (iões) no solo ou na água forem absorvidos pela cultura e se acumularem em concentrações suficientemente elevadas para causar danos à cultura ou reduzir os rendimentos. A quantidade de danos depende da quantidade de absorção e da sensibilidade da cultura. As culturas e as árvores perenes são mais sensíveis à toxicidade. Em geral, os danos surgem em concentrações relativamente baixas de iões para as culturas sensíveis. Aparecem geralmente como queimaduras marginais das folhas e interveinclorose. Se a acumulação for maior, o rendimento das culturas será reduzido. As culturas anuais, que são mais tolerantes, não são sensíveis a baixas concentrações, mas quase todas as culturas serão danificadas ou mortas se as concentrações forem bastante elevadas.

O cloreto, o **sódio** e o **boro** são os iões que mais preocupam em termos de toxicidade. Embora possam ocorrer problemas de toxicidade mesmo quando estes iões se encontram em baixas concentrações, a toxicidade acompanha e complica frequentemente um problema de salinidade ou de infiltração na água. Os danos nas culturas ocorrem quando os iões potencialmente tóxicos são absorvidos em quantidades significativas com a água captada pelas raízes. Os iões absorvidos são translocados para as folhas onde se acumulam durante a transpiração. Acumulam-se mais nas áreas onde a perda de água é maior, normalmente nas pontas e margens das folhas. A acumulação leva tempo a atingir concentrações tóxicas e os danos visuais são muitas vezes lentos a serem notados. A extensão dos danos é influenciada pela duração da exposição, concentração pelo íon tóxico, sensibilidade da cultura, e volume de água transpirada pela cultura. Durante os meses de Verão, quando as temperaturas são mais elevadas, a acumulação é mais rápida do que se a mesma cultura fosse cultivada num clima ou estação mais frios, quando poderia apresentar poucos ou nenhuns danos.

A toxicidade também pode ocorrer a partir da absorção directa dos iões tóxicos através de folhas molhadas por aspersores aéreos. Os principais iões absorvidos através das folhas são o sódio e o cloreto, e a toxicidade para uma ou ambas pode ser um problema com determinadas culturas sensíveis como os citrinos. Quando as concentrações aumentam na água aplicada, os danos às culturas desenvolvem-se mais rapidamente e tornam-se progressivamente mais rigorosos.

Como a qualidade da água de irrigação é influenciada pelo tipo e quantidade de sais presentes na água e seus efeitos no crescimento e desenvolvimento das culturas, é importante classificar a água de irrigação com base na sua salinidade e sodicidade. Os sais estão presentes em concentrações variáveis em todas as águas e as concentrações de sal influenciam a pressão osmótica da solução do solo: quanto maior for a concentração, maior será a pressão osmótica.

Como as utilizações específicas têm necessidades de qualidade diferentes e um abastecimento de água é considerado mais aceitável, se produzir melhores resultados ou causar menos problemas do que um abastecimento de água alternativo. Por exemplo, a água de boa qualidade que pode ser utilizada com sucesso na irrigação pode, devido à sua carga sedimentar, ser inaceitável para uso municipal sem tratamento para remover os sedimentos. Do mesmo modo, a água de neve de excelente qualidade para uso municipal pode ser demasiado corrosiva para uso industrial sem tratamento para reduzir o seu potencial de corrosão.

É preferível ter vários fornecimentos a partir dos quais fazer uma selecção, mas normalmente só está disponível um único fornecimento. Para o caso anterior, a qualidade do fornecimento disponível deve ser avaliada para ver como se adequa à utilização pretendida. A utilização de água de diferentes qualidades foi obtida a partir de observações e do estudo pormenorizado dos problemas que se desenvolvem após a utilização. A relação entre a causa e o efeito do constituinte da água e o problema observado resulta numa avaliação da qualidade do grau de aceitabilidade. Com um número suficiente de experiências relatadas e respostas medidas, certos constituintes surgem como indicadores de problemas relacionados com a qualidade. As características acima referidas são então formuladas em directrizes relacionadas com a adequação à utilização. Cada novo conjunto de orientações baseia-se no conjunto anterior para melhorar a capacidade de previsão.

3.1.9 Classes de água de rega com base na salinidade e na sodicidade

A classificação da água de irrigação com base na sua salinidade e sodicidade é importante no processo de decisão de escolha da água de irrigação para uma determinada cultura. Existem várias medidas para classificar a adequação da água de rega. Tanto a condutividade eléctrica como a taxa de absorção de sódio são normalmente utilizadas para classificar os solos afectados pelo sal. Os solos salinos têm geralmente um valor de pH inferior a 8,5, são relativamente baixos em sódio e contêm principalmente cloretos e sulfatos de sódio, cálcio e magnésio. Provocam a crosta branca que se forma à superfície e as estrias de sal ao longo dos sulcos. Os compostos que causam os solos salinos são muito solúveis na água; por conseguinte, a lixiviação é geralmente bastante eficaz na recuperação destes solos.

As classes de água de rega com base na sua salinidade e sodicidade são apresentadas no quadro e na figura seguintes:

Tabela: Classes de salinidade e sodicidade da água de rega

Salinidade	CE (μmangueiras/cm a 25°C)	Classe	Perigo de Sódio	
			SAR	Classe
Baixo	0-250	C1	0-10	S1(Baixo)
Moderado	250-750	C2	10-18	S2(Médio)
Médio	750-2250	C3	18-26	S3(Alta)
Elevado	2250-4000	C4	>26	S4(Muito elevado)
Muito elevado	4000-6000	C5		
Excessivo	>6000	C6		

O sistema de classificação acima combina os aspectos da salinidade e da sodicidade. Por exemplo, uma amostra de água classificada como C3-S2 teria uma classificação de salinidade média e uma classificação de sódio média. A escala da sodicidade não é constante porque é influenciada pelo nível de salinidade. Por exemplo, uma taxa de absorção de sódio de 8 está na categoria S1 se a salinidade for de 100 a 300 µmhos/cm; S2 se a salinidade for de 300 a 3000 µmhos/cm, e S3 se a salinidade for superior a 3000 µmhos/cm.

A adição de cálcio na água de irrigação pode baixar a Taxa de Absorção de Sódio (SAR) e reduzir os efeitos nocivos do sódio. A eficácia da adição de cálcio depende da sua solubilidade na água de rega. A solubilidade do cálcio é influenciada tanto pela fonte do cálcio (por exemplo, carbonato de cálcio, gesso, cloreto de cálcio) como também pela concentração de outros iões na água de rega. Em comparação com o carbonato de cálcio e o gesso, as adições de cloreto de cálcio resultarão em maiores concentrações de cálcio solúvel e serão as mais eficazes na redução da SAR da água de irrigação. Contudo, o custo do cloreto de cálcio é muito superior ao carbonato de cálcio e ao sulfato de cálcio (gesso), pelo que a aplicação será mais dispendiosa.

Na solução do solo, os iões carbonato e bicarbonato na água combinam-se com cálcio e magnésio para formar compostos que precipitam para fora da solução. A remoção do cálcio e do magnésio aumenta o risco do sódio para o solo.

3.1.9. 1 Classes de salinidade (ver figura acima para esta classificação)

C1 - Água com baixa salinidade - Pode ser utilizada para irrigação com a maioria das culturas na maioria dos solos com poucas hipóteses de desenvolvimento da salinidade do solo. É necessária uma certa lixiviação, mas esta ocorre em práticas normais de irrigação, excepto em solos de permeabilidade lenta e muito lenta.

C2 - Água de salinidade média - Pode ser utilizada se ocorrer uma quantidade moderada de lixiviação. Na maioria dos casos, as culturas com tolerância moderada ao sal podem ser cultivadas sem práticas especiais de controlo da salinidade.

C3 - Água de elevada salinidade - Não pode ser utilizada em solos com permeabilidade moderadamente lenta a muito lenta. Mesmo com permeabilidade adequada, pode ser necessária uma gestão especial para o controlo da salinidade, devendo ser seleccionadas culturas com boa tolerância ao sal.

C4 - Água de salinidade muito elevada - Não é adequada para irrigação em condições normais, mas pode ser utilizada ocasionalmente em circunstâncias muito especiais. O solo deve ter uma permeabilidade rápida, a drenagem deve ser adequada, a água de rega deve ser aplicada em excesso para proporcionar uma lixiviação considerável e devem ser seleccionadas culturas muito tolerantes ao sal.

3.1.9. 2 Classes de risco do sódio
S1 - Água com baixo teor de sódio - Pode ser utilizada para irrigação em quase todos os solos com pouco perigo de desenvolvimento de níveis nocivos de sódio permutável.

S2 - Água sódica média - Apresentará um risco apreciável de sódio em solos de textura fina, especialmente em condições de baixa lixiviação. Esta água pode ser utilizada em solos de textura grosseira com uma permeabilidade moderadamente rápida a muito rápida.

S3 - Água com elevado teor de sódio - Produzirá níveis nocivos de sódio permutável na maioria dos solos e requer uma gestão especial do solo, uma boa drenagem, elevada lixiviação e adições de matéria orgânica elevada.

S4 - Água de sódio muito elevada - É geralmente insatisfatória para fins de irrigação, excepto com salinidade baixa e talvez média.

3.1.9. 3 Concentração e toxicidade do boro

O boro torna-se tóxico se estiver presente em excesso, embora seja um elemento essencial. A sensibilidade ao boro abrange uma grande variedade de culturas arvenses e de campos, embora as culturas frutícolas, de frutos de casca rija e de bagas sejam particularmente sensíveis.

O boro é o elemento mais frequentemente encontrado em concentrações tóxicas na água de irrigação. Como é bastante solúvel, o boro é encontrado na água onde a drenagem e os estratos geológicos fornecem minerais de fonte boro. O problema dos níveis de boro nas culturas é acentuado porque o intervalo entre os níveis nutricionalmente deficientes e tóxicos de boro é relativamente estreito.

Tabela. Classificação da água de rega com base no teor de boro

B (ppm)	Risco de toxicidade
< 0.5	Seguro para culturas sensíveis
0.5-1.0	A cultura sensível apresentará um prejuízo ligeiro a moderado
1.0-2.0	As culturas semi tolerantes apresentarão um prejuízo ligeiro a moderado
2.0-4.0	As culturas tolerantes apresentarão um prejuízo ligeiro a moderado
>4.0	Perigoso para quase todas as culturas

3.1.10 Gestão e recuperação de solos afectados pelo sal

Duas abordagens principais podem ser seguidas para gerir os solos salgados são as seguintes:

1. Controlo da salinidade

2. Melhorar a penetração da água

3.1.10.1 Controlo da salinidade

Os procedimentos para minimizar os danos causados pelo sal são cruciais para a produção de culturas em solos salinos. Os principais métodos que podem ser utilizados para controlar a salinidade são os seguintes:

a) Aumento da frequência da irrigação

A concentração de sais na solução do solo aumenta à medida que a cultura extrai água. Por conseguinte, as concentrações são mais baixas imediatamente após a irrigação e estão no máximo imediatamente antes da irrigação seguinte. Ao aumentar a frequência da irrigação, podemos aumentar o teor médio de água do solo. A porção superior da zona radicular será baixa em salinidade se cada rega for adequada. Regas frequentes significam que as aplicações de água serão em pequenas quantidades e minimizarão o escorrimento superficial. A aplicação de mais água reduzirá a eficiência da aplicação e aumentará a perda de água através do escoamento superficial.

b) Selecção da cultura e variedade

Se a água de rega for salina, pode ser necessário seleccionar uma cultura tolerante ao sal para evitar reduções de rendimento. Antes da selecção de culturas e variedades adequadas, devem ser tidos em conta os seguintes pontos:

- Tolerância ao sal
- Características climáticas ou do solo
- Rentabilidade da cultura

c) Posição de plantação

Quando o sal irrigado se move com água, e alguns irão acumular-se no solo de superfície ou na crista do sulco à medida que a água com o seu sal se move para cima e se evapora. Certifique-se de que a cultura é plantada em posições onde o solo à volta da cultura é de baixa salinidade. Quando são utilizados sistemas de irrigação por sulcos, é sensato evitar os centros das cristas largas e os topos das cristas estreitas onde o sal será mais concentrado a partir da irrigação por sulcos.

3.1.11 Melhorar a penetração da água

Os métodos químicos e físicos podem ser utilizados para melhorar a permeabilidade do solo perdida devido ao excesso de sódio no solo. As seguintes técnicas são os **métodos físicos** mais populares que melhoram a penetração da água:

- Aumentar a frequência da irrigação e, consequentemente, remover os sais
- Lavoura profunda - normalmente é temporária
- Aumentar a duração de cada rega: Pode aumentar a quantidade de água infiltrada, por mais aeração, alagamento, escoamento superficial excessivo e problemas de drenagem superficial. A duração da rega pré-sementeira pode ser prolongada com segurança para permitir o preenchimento do perfil do solo. Este tipo de irrigação pode proporcionar a única oportunidade de preencher a parte mais profunda da zona radicular da cultura sem efeitos secundários sobre a planta em crescimento.
- Irrigação por aspersão para adequar a taxa de aplicação de água à taxa de infiltração no solo
- Aplicação de resíduos orgânicos

3.1.12 Métodos químicos

Os métodos químicos (alterações) podem ser eficazes quando a permeabilidade do solo tenha sido diminuída pela utilização de águas de irrigação de baixa salinidade (ECw< 0,5 dS/m) ou pela presença no solo ou na água de quantidades excessivas de sódio, carbonato ou bicarbonato. No entanto, se a baixa permeabilidade for causada pela textura do solo, pela compactação ou por alterações das camadas que restringem a água, não serão benéficas.

Se as baixas infiltrações se devem à elevada percentagem permutável de sódio no solo (ESP), deverá resultar uma melhor permeabilidade quando a concentração de sódio na água de rega for reduzida ou a concentração de cálcio e magnésio for aumentada. Processos ou produtos químicos pouco dispendiosos podem não estar disponíveis para remover o sódio da água de rega. No entanto, podem ser utilizados os seguintes produtos químicos:

- O gesso como fonte de cálcio
- Enxofre ou ácido sulfúrico para dissolver o cálcio do calcário no solo

3.1.13 Recuperação de solos afectados pelo sal

Devem ser seguidas as duas abordagens seguintes:

1. Eliminação do excesso de sais solúveis da zona radicular
2. Redução do excesso de sódio permutável dos locais de troca

3.1.13.1 Remoção do excesso de sais solúveis

A lixiviação da zona radicular é a forma comprovada de reduzir a concentração de sal solúvel. É um processo de dissolução dos sais solúveis e remoção dos sais solúveis das camadas de solo desejadas pelo movimento descendente da água. A recuperação de solos salinos envolve três procedimentos gerais:

a) Proporcionar drenagem interna para os solos com drenagem interna natural inadequada.

b) Os sais solúveis têm de ser lixiviados utilizando água de rega de boa qualidade.

c) Restaurar o excesso de sódio permutável para solos sódicos e salino-sódicos.

A aplicação de coberturas orgânicas acelerará a recuperação de solos salinos se apenas for utilizada a pluviosidade ou a irrigação limitada. Explica-se pelo facto de a cobertura morta (mulch) retardar a evaporação superficial. A desaceleração da evaporação superficial atrasa o movimento do sal para a superfície do solo em água evaporativa. Em última análise, aumenta o movimento líquido de queda do sal.

3.1.13.2 É necessária uma quantidade de água para lixiviar os sais solúveis

A quantidade de água de irrigação necessária (além da água necessária para saturar o solo até à capacidade do campo) para lixiviar suficientemente o solo, de modo a garantir um equilíbrio adequado de sal para a cultura que está a ser cultivada, é conhecida como **exigência de lixiviação**. É a quantidade adicional de água necessária para remover o excesso de sais dos solos salinos. A necessidade de lixiviação é calculada por meio da seguinte fórmula:

$$LR = \frac{EC_{iw}}{EC_e}$$

Por conseguinte, a necessidade de lixiviação é a fracção de água de irrigação infiltrada que deve ser lixiviada através da zona radicular para manter a salinidade do solo a um determinado valor. Se os valores de ECiw e ECdw forem substituídos na equação LR, obtém-se uma fracção que estima o incremento de água adicional que deve ser aplicada, embora não necessariamente em cada irrigação, para manter a salinidade do solo dentro de limites aceitáveis. Como esta água está acima do consumo da cultura, representa a quantidade mínima de água que aparecerá como drenagem.

3.1.13.3 Recuperação de solos sódicos e salino-sódicos

A recuperação de solos sódicos e salino-sódicos envolve:

1. Os processos químicos para substituir os iões de sódio adsorvidos em locais de troca de solo, principalmente por catiões divalentes.

2. Os processos de transferência em massa para remover o sódio substituído da solução do solo. A água utilizada será rica em Cálcio e Magnésio.

O Na é utilizado principalmente para substituir o Na em solos sódicos. De todos os compostos de cálcio, o sulfato de cálcio (gypsum-CaSO4.2H2O) é considerado o mais conveniente. Devido à sua solubilidade limitada (0,241 g/100 ml de água a 0°C), o gesso não cria um problema adicional de salinidade quando aplicado.

Ácido sulfúrico e enxofre elementar e também pode ser utilizado. Quando o enxofre é adicionado ao solo, *as bactérias Thiobacillus* oxidam lentamente o enxofre em ácido sulfúrico. O ácido sulfúrico desempenha os seguintes papéis:

1. Os iões de hidrogénio do ácido sulfúrico substituem os iões de sódio nos locais de troca.

2. Quando o solo contém calcário (CaCO3), o ácido sulfúrico pode reagir para formar gesso, que tem então o mesmo efeito que o gesso aplicado.

As reacções químicas em que o giroscópio substitui o sódio dos locais de troca e da solução do solo são as seguintes :

$$Na2CO3 + CaSO4 \Leftrightarrow CaCO3 + Na2SO4 \ (\textit{lixiviável}) + _{CO2}\uparrow + H2O$$

$$\boxed{\text{Mic elle}} + CaSO4 \Leftrightarrow Ca\boxed{\text{Mic elle}}2SO4 \ (\text{lixiviável})$$

As reacções químicas do ácido sulfúrico com compostos contendo sódio
são as seguintes:

$Na_2CO_3 + H_2SO_4 \Leftrightarrow CO_2 + H_2O + Na_2SO_4$ (*lixiviável*)

NaH

| Mic
elle | + H2SO4⇔ | H | Mic
elle | Na2SO4 (*lixiviável*) |

$CaCO_3 + H_2SO_4 + H_2O \; CaSO_4 \leftrightharpoons .2H_2O + _{CO_2}$

O Ifsúlfur é utilizado, a irrigação e as lixiviações devem ser realizadas até
que o sulfúrico seja oxidado e o gesso seja formado no solo.

Capítulo -4 Gestão das bacias hidrográficas

A gestão das bacias hidrográficas é um conceito que evoluiu da abordagem de desenvolvimento integrado de uma unidade de bacia hidrográfica. Implica o desenvolvimento sustentável e holístico da comunidade em torno de uma bacia hidrográfica através da integração de vários factores de desenvolvimento, garantindo a participação de todas as partes interessadas. A unidade da bacia hidrográfica é uma unidade natural topograficamente delimitada que é drenada por um ribeiro. Por conseguinte, a bacia hidrográfica representa uma unidade hidrológica de área, mas também pode ser descrita como uma unidade biofísica e socioeconómica para o planeamento e gestão dos recursos naturais. Uma das principais razões para a baixa produtividade dos sistemas agrícolas em muitas partes do mundo em desenvolvimento é a escassez de água devido às perdas por escoamento superficial e à distribuição errática das chuvas. Esta situação precária obrigou os países a formular o conceito de gestão das bacias hidrográficas para maximizar a produtividade das culturas agrícolas.

A gestão das bacias hidrográficas centra-se principalmente no desenvolvimento sustentável através da utilização, conservação e gestão eficazes dos recursos naturais, como o solo e a água. Além disso, dá ênfase à capacitação das comunidades agrícolas através da participação da comunidade com o objectivo de aumentar a produtividade dos sistemas agrícolas para garantir a segurança alimentar e a subsistência em condições de pluviosidade.

4.1 Objectivos da gestão das bacias hidrográficas

- Para colher eficazmente a água da chuva e evitar o desperdício como escorrimento, percolação profunda, etc.
- Conservar o máximo possível de água no perfil do solo em forma extraível para a cultura
- Para aumentar a produtividade das terras, da água e das culturas
- Melhorar a fertilidade e a saúde geral do solo através da utilização eficaz da gestão de nutrientes na exploração agrícola
- Gerar emprego e meios de subsistência adicionais para a comunidade agrícola local
- Promover a participação das pessoas sem discriminação de género no planeamento, aplicação e manutenção das actividades de conservação do solo e da água através de uma gestão eficaz das bacias hidrográficas.

Dependendo da zona de captação, a água da chuva é colhida e conservada em várias estruturas, tais como barragens de controlo das explorações agrícolas, microbarragens, lagoas agrícolas, feixes de contorno e de desvio, terraços de bancada, drenos de desvio e cursos de água gramados para evitar a erosão e promover a conservação do solo e da humidade.

A gestão das bacias hidrográficas inclui factores sociais, económicos, de sustentabilidade ambiental e institucionais que operam dentro e fora da zona da bacia hidrográfica. A base dos programas de gestão das bacias hidrográficas envolve novos paradigmas emergentes - devem ser identificadas áreas prioritárias e devem ser seguidas abordagens de desenvolvimento integradas.

Os programas de gestão das bacias hidrográficas devem ser concebidos de forma a centrarem-se no desenvolvimento sustentável da zona de recomendação, com base na bacia hidrográfica. Além de visar a conservação de recursos naturais como o solo e a água, deveria tentar melhorar as condições económicas da comunidade, melhorando as suas oportunidades de emprego a nível local na sua comunidade. Por conseguinte, o programa de gestão das bacias hidrográficas tem uma abordagem inovadora através da participação da comunidade.

Contudo, as variações imprevisíveis da produção agrícola devido a condições climáticas erráticas, como o início das chuvas, a sua distribuição no espaço e no tempo, o seu quantum, o défice de pressão de vapor atmosférico, a temperatura, a evaporação, etc., nas zonas húmidas, juntamente com o aumento da pressão biótica sobre os recursos naturais, conduziram a um ecossistema cada vez mais frágil. Percebeu-se que só uma estratégia, que considerasse estas interligações, permitiria um desenvolvimento sustentável e holístico nestas áreas. As oportunidades de subsistência das populações dependentes da agricultura de sequeiro podem ser melhoradas através da conservação do solo e dos recursos hídricos e da optimização da sua utilização, o que acabaria por se manifestar na regeneração saudável dos recursos naturais, no emprego e no aumento da produtividade agrícola, influenciando assim a sua condição económica e financeira, conduzindo à melhoria da saúde, da educação e do estatuto social da comunidade. A gestão das bacias hidrográficas é uma abordagem intensiva em termos de mão-de-obra e científica para este fim.

O desenvolvimento agrícola e a segurança alimentar dependem em grande medida do desenvolvimento da agricultura de sequeiro. Isto deve-se ao facto de as regiões húmidas representarem uma área substancial da superfície total cultivada. Consequentemente, os retornos do investimento na agricultura são substancialmente inferiores nas regiões de sequeiro do que nas regiões de regadio. Aliás, a maioria das camadas economicamente mais débeis da população vive nestas regiões escassas em termos de água. Assim, o desenvolvimento destas regiões contribuiria para resolver o duplo problema da pobreza e da produção e produtividade agrícolas. Além disso, os programas de gestão integrada das bacias hidrográficas previstos contribuiriam também para reduzir as desigualdades regionais.

Embora proporcionando instalações de irrigação produtivas a estas regiões como uma solução eficaz, seria uma proposta morosa e dispendiosa, dadas as suas desvantagens geográficas. Por outro lado, o desenvolvimento das bacias hidrográficas revelar-se-ia a tecnologia mais adequada para melhorar as condições destas regiões, pelo menos a curto e médio prazo. O desenvolvimento das bacias hidrográficas contribuiria para melhorar a produção agrícola e a produtividade das zonas húmidas através da conservação da humidade *in situ*, da cobertura vegetal, do aumento da disponibilidade de água quando esta é mais necessária, a par da melhoria das condições físicas, químicas e biológicas do solo. Pode também conduzir a uma agricultura irrigada sustentável em condições de pluviosidade moderada (acima dos 750 mm).

A fim de conhecer o potencial e a disponibilidade das águas de superfície, os governos estão actualmente a planear realizar um enorme investimento na investigação e desenvolvimento dos recursos hídricos para utilizações diversas. Isto ajudaria a aumentar a produtividade das micro barragens ou a verificar barragens para melhorar as formas e os meios do sistema de irrigação tradicional, para aumentar o abastecimento de água potável e também para aumentar a produção de energia hidroeléctrica do país. O conceito visa analisar o potencial das águas subterrâneas da área da bacia hidrográfica através da amostragem, mapeamento e análise de dados meteorológicos e estimar o potencial das águas subterrâneas e a produção de culturas através da colheita eficiente de água na área de estudo.

4.2 Constrativas na execução do programa de bacia hidrográfica

- Vagários e incertezas de clima/clima da agricultura de sequeiro em regiões semi-áridas.
- Escassez de água de irrigação, abastecimento de electricidade limitado.
- Utilização inadequada dos sistemas de recursos de microaquáticas.
- Ausência de métodos de conservação da água da chuva na exploração agrícola.
- Má saúde do solo devido ao uso desequilibrado de fertilizantes químicos.
- Raça pobre e subnutrição do gado devido à indisponibilidade de alimentos adequados e de forragens.
- Má transferência de tecnologia devido ao analfabetismo e aos canais de comunicação.
- Não envolvimento das mulheres na tomada de decisões na agricultura devido à sua fraca literacia e conhecimentos.
- Falta de Inteligência de Mercado e acesso directo aos canais de comercialização.

4.3 Benefícios da gestão das bacias hidrográficas

- Ajuda a colher a precipitação natural de forma eficiente
- Permite conservar a água no perfil do solo sob forma extraível para a cultura

- Encoraja a utilização judiciosa da água colhida para a produção vegetal e para a criação de animais.

- Aumentar a produtividade dos solos e das culturas

- Gerar emprego local adicional para a comunidade agrícola

- Reforçar o desenvolvimento económico da comunidade que está directa ou indirectamente dependente da bacia hidrográfica

- Promover a utilização óptima dos recursos naturais da bacia hidrográfica, solo, água, vegetação, etc., que atenuem os efeitos adversos da seca e evitem uma maior degradação ecológica.

- Incentivar a restauração do equilíbrio ecológico na área

- Promover a acção comunitária para a exploração e manutenção dos recursos sustentáveis criados e para o desenvolvimento do potencial dos recursos naturais da bacia hidrográfica através da formação contínua.

- Promover a distribuição equitativa dos benefícios do desenvolvimento da terra e dos recursos hídricos e da consequente produção de biomassa.

- Desenvolver um maior acesso às oportunidades geradoras de rendimento e concentrar-se no desenvolvimento dos seus recursos humanos.

- Capitalizar a participação das pessoas no planeamento, implementação e manutenção das actividades de conservação do solo e da água na zona da Bacia Hidrográfica, de modo a que todo o corpus de programas se torne eficaz.

4.4 Metodologia e abordagem da gestão das bacias hidrográficas

A gestão das bacias hidrográficas é uma abordagem integrada, considerando o desenvolvimento holístico de todos os utilizadores da bacia hidrográfica. É sabido que a conservação deve ser essencialmente uma abordagem por zonas e que a unidade da sua adopção deve ser a bacia hidrográfica. Assim, é necessária uma combinação de poucas abordagens a adoptar numa determinada bacia hidrográfica.

A metodologia e abordagem da gestão das bacias hidrográficas deve ser orientada para a comunidade, envolvendo interacção entre utilizadores, agências e departamentos de desenvolvimento, abordagem ascendente e flexível com capacidade para efectuar correcções intercalares, execução através de membros da sociedade em perfeita harmonia. A participação das pessoas é necessária desde o planeamento, execução e acompanhamento do programa, até à partilha judiciosa e equitativa dos custos e benefícios para os proprietários de terras e as pessoas sem terra na bacia hidrográfica. Devem ser envidados esforços para manter a neutralidade de género, em especial com as mulheres que desempenham um papel central na agricultura, que devem ser envolvidas em todas as decisões sem qualquer preconceito de género. As pessoas com os seus direitos devem gerir os recursos de propriedade comuns. Uma vez que a agro-silvicultura ou a gestão conjunta das florestas necessita de uma reflexão séria, devem ser criadas sociedades de aldeia para a gestão dos recursos, com a participação e o empoderamento das pessoas para a sua gestão eficaz.

A gestão do solo e da água tem de se desenvolver com a imposição de expressões climáticas tão dependentes do tempo, e muitas vezes os solos em desenvolvimento ou desenvolvidos podem também sofrer degradação com eventuais exageros de agressões climáticas. A degradação dos solos como um todo deve ser realizada e considerada com a sua gravidade e impacto final na existência humana e animal. A degradação do solo, quer com o seu curso natural, quer feita pelo homem, deve ser controlada ou recuperada a fim de regenerar e manter o solo como um dos recursos básicos para suportar a vida na terra.

4.5 Intervenções na gestão das bacias hidrográficas

4.5.1 Participação da comunidade

A participação comunitária é essencial para a execução das diversas actividades de gestão das bacias hidrográficas. A base funcional da execução do programa de gestão das bacias hidrográficas depende da existência de grupos habilitados de várias partes interessadas, formados a nível das bases e dos níveis de decisão. O êxito do programa depende da institucionalização destas organizações comunitárias a nível da aldeia e a participação é a chave para o êxito do mesmo. A participação dos povos é facilitada desde a fase de planeamento até às fases de implementação. Por conseguinte, todo o programa de gestão da bacia hidrográfica inovou a abordagem do desenvolvimento através da participação da comunidade.

4.5.2 Capacitação

O programa de gestão da bacia hidrográfica é aprovado no sentido de desempenhar o papel de facilitador na execução do programa, cuja tarefa consiste em capacitar / disponibilizar / informar a comunidade das várias opções através de formação contínua, demonstração, visitas, etc., e ajudá-los a encontrar as soluções adequadas. Isto confere poder de decisão à comunidade local e cria nela um sentimento de verdadeira apropriação do programa de desenvolvimento da bacia hidrográfica e contribuirá para um melhor envolvimento dos interessados.

4.5.3 Medidas de engenharia

As medidas como as microbarragens, as barragens de controlo, os feixes de contorno e de desvio, os terraços de bancada, os esgotos de desvio, os cursos de água gramados, etc., devem ser tomadas para evitar a erosão e promover a conservação do solo e da humidade e ajudar a garantir a fundação dos terrenos e dos recursos hídricos da zona. A captação de água é considerada altamente prioritária.

Medidas de engenharia como feixes de contorno e desvio, terraços de bancada, drenos de desvio, cursos de água gramados, etc. evitarão a erosão, promoverão a conservação do solo e da humidade e ajudarão a assegurar a fundação da terra e dos recursos hídricos na bacia hidrográfica. A captação e conservação da água é o objectivo mais importante. A construção de feixes de gradação variável em áreas com precipitações anuais superiores a 600 mm em solos permeáveis e inferiores a 600 mm em solos permeáveis elimina o excesso de água. No caso dos solos vermelhos e lateríticos, a prática de gradação dos feixes, a redução do escoamento superficial de 20 para 30% e a perda de solo de 4 para 0,1 toneladas/ha. Enquanto que as valas graduadas para zonas com declive de 10-15% em regiões com elevada pluviosidade reduziram o escorrimento de 28 para 26% e a perda de solo de 4 toneladas/ha para negligenciável. Além disso, os terraplenos de bancada em declives de 16-35% de solos vermelhos e lateríticos reduziram o escorrimento de 15 para 3% e a perda de solo de 45 para 0,5 toneladas/ha.

4.5.4 Atenuação da seca

Com as alterações climáticas e o aquecimento global, a seca e o stress hídrico são um fenómeno frequente em muitas partes do mundo. Por conseguinte, a conservação da água é vital para os programas de desenvolvimento das bacias hidrográficas. As actividades de conservação do solo e da água no programa de desenvolvimento das bacias hidrográficas terão um impacto directo no aumento do teor de humidade do solo e do lençol freático dessa área e na regeneração da cobertura vegetativa.

4.5.5 Medidas agronómicas

Num terreno ondulado, fora da precipitação total, muito se perde através da evaporação e do escoamento. Uma quantidade significativa de água da chuva está, assim, disponível para a colheita, através de pequenas intervenções, que podem ser eficazmente utilizadas para combater as falhas das culturas relacionadas com a seca. As seguintes medidas agronómicas são geralmente adoptadas no âmbito de um programa de desenvolvimento eficaz das bacias hidrográficas:

4.5.5.1 Agricultura de curvas de nível

A agricultura de contornos é a prática agronómica da lavoura de terrenos inclinados em linhas de elevação consistentes, a fim de conservar as águas pluviais e reduzir as perdas do solo devido à erosão superficial. O contorno é uma linha que une pontos de igual elevação. A conservação do solo e da água é conseguida através de sulcos, fileiras de culturas e caminhos de rodas através de declives, que funcionam como reservatórios para captar e reter as águas pluviais, permitindo assim uma maior infiltração e uma distribuição mais uniforme da água. A cultura em curvas de nível é praticada através da realização de operações agrícolas, nomeadamente a lavoura, a plantação e o cultivo ao longo das curvas de nível (linhas de nível marcadas no campo). Desta forma, cada sulco deve funcionar como um reservatório em miniatura para reter o excesso de escoamento e dar mais tempo e oportunidade ao solo para absorver o máximo de água possível para o armazenamento e abastecimento da cultura.

4.5.5.2 Culturas densas

As culturas de cobertura e o crescimento denso das culturas contribuem para a conservação do solo e da água. As culturas com cobertura máxima do dossel, ou seja, as leguminosas, devem ser cultivadas de modo a proteger melhor as terras cultivadas contra a erosão do que as culturas de cultura limpa.

4.5.5.3 Colheita de tiras

A cultura em tiras é feita através do cultivo de diferentes culturas em tiras alternadas, de forma a servirem de barreiras vegetativas no controlo da erosão e do escoamento superficial, mantendo assim a fertilidade do solo.

4.5.5.4 Cultivo misto

As culturas mistas devem ser praticadas para uma melhor e continuada cobertura da terra, uma boa protecção contra a acção das chuvas, uma protecção quase completa da erosão do solo e a garantia de uma ou mais culturas aos agricultores.

4.5.5.5 Arábia Saudita

Através de uma mobilização do solo adequada, devem ser tentadas melhores condições do solo adaptadas ao melhor crescimento das culturas, ao controlo das ervas daninhas, à manutenção da infiltração, à prevenção da erosão e à melhoria da estrutura do solo.

4.5.5.6 Adubos orgânicos

A utilização equilibrada de estrumes orgânicos deve ser praticada para manter e melhorar a estrutura do solo. Isto é essencial especialmente quando os subsolos são expostos durante as operações de terraplanagem e nivelamento do terreno.

As abordagens mais eficazes na gestão de nutrientes na agricultura biológica são a gestão integrada de nutrientes (INM). INM é a integração de adubos orgânicos, tais como composto, estrume de quintas, estrume verde, resíduos de culturas, estrume líquido (estrume líquido biodigestível, urina de vaca, chorume de biogás) bio fertilizante, aditivos orgânicos (panchagavya, beejmruta, jeevamruta, etc.)

A gestão dos factores de produção na exploração agrícola é geralmente praticada, uma vez que os factores de produção da exploração são também de origem biológica. Recomenda-se que as sementes ou o material de plantação utilizado na produção biológica estejam isentos de qualquer tratamento com pesticidas. Além disso, podem ser utilizados outros factores de produção, como compostos, composto NADEP, vermi-composto, culturas microbianas do solo, etc.

Vermicompostagem: A vermicompostagem é uma prática de gestão de nutrientes muito eficaz na agricultura biológica. A vermicompostagem é o processo de produção de composto utilizando minhocas. É o processo de transformação de detritos orgânicos em minhocas. O vermicomposto é a excreta de minhocas, que é rica em húmus e nutrientes. Os vermes fundidos são muito eficazes na manutenção do estado de saúde do solo. A tecnologia dos vermicompostos tem um potencial promissor para satisfazer as necessidades de estrume orgânico na agricultura biológica. Utilizando esta tecnologia, os resíduos agrícolas e o lixo das cidades podem ser convertidos em vermi-composto, que é um insumo agrícola valioso. Caso contrário, a gestão dos resíduos do próprio lixo da cidade constitui uma enorme preocupação em muitas cidades, uma vez que causa poluição e um ambiente pouco higiénico que pode ser um terreno fértil para muitas doenças perigosas. Através da vermicompostagem, obtemos boas descompostas de vermes, que podem ser utilizados como estrume para culturas, legumes, flores, jardins, etc. Durante o processo, as minhocas também se multiplicam e o excesso de minhocas pode ser convertido em verme-proteína, que pode ser utilizada como alimento para aves de capoeira, peixes, etc. O vermi lavado é outro produto obtido que também pode ser utilizado como spray nas culturas.

A fim de praticar eficazmente a vermicomposição, é importante compreender as minhocas, que são parte integrante desta tecnologia. As minhocas são minhocas que vivem no solo e se alimentam de matéria orgânica em decomposição. Depois de alimentar a matéria orgânica, o material não digerido passa pelo canal alimentar do verme, deposita-se uma fina camada de óleo sobre as peças fundidas. Esta camada oleosa sofre erosão ao longo de um período de 60 dias. Assim, embora os nutrientes das plantas estejam imediatamente disponíveis, são lentamente libertados e ficarão disponíveis para as plantas durante um período mais longo. O processo no canal alimentar da minhoca transforma os resíduos orgânicos em composto de vermes, que é um estrume orgânico benéfico. Os processos químicos a que os resíduos orgânicos são submetidos incluem a desodorização e a neutralização. Assim, o pH das peças fundidas será de cerca de 7 (neutro) e as peças fundidas são inodoras. O vermi-composto também contém bactérias; portanto, o processo continua no solo e a actividade microbiológica é ainda mais promovida.

O vermicomposto é constituído por boas quantidades de azoto, potássio, fósforo, cálcio e magnésio. O vermicomposto é constituído por 5 vezes o azoto disponível, 7 vezes o potássio disponível e 1,5 vezes mais cálcio do que o encontrado numa boa camada superficial do solo. O vermicomposto tem excelente aeração, porosidade, estrutura, drenagem e capacidade de retenção de humidade. O teor de nutrientes do vermi-composto, juntamente com a acção natural da lavoura pelos vermes, aumenta a permeabilidade da água no solo.

4.5.5.7 Agricultura de escoamento

A agricultura de escoamento superficial refere-se ao processo de colheita do escoamento superficial e à sua armazenagem num tanque agrícola para utilização futura. A reciclagem da água de escoamento deve ser feita de modo a que possa ser utilizada para irrigação suplementar o mais cedo possível, tendo em conta a irrigação necessária à cultura. A agricultura de escoamento superficial com recolha de água, armazenamento, reciclagem, captação de fluxos perenes e aumento da recolha da água dos poços, através de práticas de conservação, é benéfica para os agricultores a longo prazo.

4.5.5.8 Culturas adequadas e variedades de alto rendimento

As culturas mais adequadas e as suas variedades de elevado rendimento fazem parte integrante do programa de gestão das bacias hidrográficas. As variedades de alto rendimento têm uma produção por unidade de superfície muito superior à das cultivares locais. Devem ser adoptadas variedades adequadas de elevado rendimento de culturas seleccionadas, em função das condições agro-climáticas para aumentar a produção e a produtividade.

4.5.5.9 Produção pecuária e forrageira

Os jovens que trabalham por conta própria vão receber os prestadores de serviços desses jovens. Podem incentivar as associações de criadores de gado, que têm actividades em duas vertentes. Em primeiro lugar, podem externalizar pessoas em para-extensão para cuidados de saúde e Inseminação Artificial (IA). A melhoria da criação de gado com o desenvolvimento simultâneo de forragens deve fazer parte do programa. A segunda actividade pode ser a comercialização através de cooperativas. A fim de proporcionar uma alimentação equilibrada aos animais para obter uma maior produtividade, a produção eficaz de forragens é inevitável no programa de desenvolvimento das bacias hidrográficas.

4.5.5.10 Recolha e armazenamento das águas pluviais

Colheita de águas pluviais através da recolha de escorrências através de feixes de campo e escavação de valas / tanques, a partir de superfícies/capacidades de terra tratadas ou não tratadas ou armazenamento de humidade *in situ* no próprio solo. Como mencionado anteriormente, o sistema de captação de água da chuva é referido como um sistema de indução, recolha, armazenamento e conservação da água de escoamento superficial local em regiões áridas e semi-áridas. Em várias partes do mundo, a água recolhida é apenas redireccionada para um poço profundo com percolação. A água recolhida pode ser utilizada para irrigação, para beber ou para muitos outros fins. Além disso, se a água recolhida for armazenada num tanque, pode ser acedida e limpa quando necessário. O sistema de recolha da água da chuva fornece um sistema independente de abastecimento de água durante os períodos de escassez de água, especialmente durante os meses de Verão, sendo frequentemente utilizado para complementar a rede de abastecimento. A qualidade da água da chuva captada é normalmente boa para a maioria das necessidades domésticas, reduzindo a necessidade de um sistema de tratamento porque a água da chuva não é água dura. Em primeiro lugar, deve tentar-se reter tanta água da chuva no solo onde ela cai, de modo a proporcionar um regime de humidade favorável à cultura. O excesso de água da chuva que excede a capacidade de infiltração e armazenamento do solo - pode ser colhido nas proximidades do mesmo campo ou noutro ponto conveniente da bacia hidrográfica.

Ao longo dos anos, embora tenham sido feitos enormes esforços em termos de tecnologia e investimento, mas devido a lacunas no sistema de fornecimento de informação, ou não chegaram aos agricultores ou a comunidade agrícola não está consciente de tais intervenções. Para melhorar a gestão de todas as bacias hidrográficas, a produtividade agrícola e para atingir o objectivo de uma taxa de crescimento de 4% na agricultura, na sequência das intervenções, é necessário prestar atenção imediata:

4.5.6 Actividades passo a passo para o desenvolvimento de bacias hidrográficas

1. Capacitação e sensibilização dos agricultores e outras partes interessadas para a captação eficiente da água da chuva, conservação e distribuição da água, utilização eficaz e económica.

2. Criação de infra-estruturas rentáveis e eficientes para a captação e conservação da água da chuva, especialmente por agricultores individuais nas suas próprias explorações, em convergência com programas patrocinados pelo governo.

3. Promoção da agricultura de precisão através da capacitação dos agricultores com um pacote de práticas específicas do local, incluindo culturas mais adequadas e produtivas, variedades, gestão de nutrientes na exploração, produção biológica de estrume, controlo de doenças, controlo de insectos, controlo de infestantes, mecanização e agricultura de alta tecnologia.

4. Capacitar os agricultores na utilização de tecnologias modernas de irrigação, tais como sistemas de irrigação por gotejamento, tubos de PVC, revestimento de canais, sistemas de irrigação por aspersão, etc., para aumentar a produtividade da água por gota de água.

5. Gestão dos nutrientes na exploração agrícola através da conversão da biomassa e da promoção de métodos alternativos de baixo custo para a gestão da saúde do solo.

6. As medidas fitossanitárias devem, na medida do possível, ser tomadas com métodos não químicos. Podem ser praticadas medidas

alternativas, como medidas de controlo mecânico, biopesticidas, medidas de bio-controlo, medidas microbianas, etc.

7. Reforço das capacidades dos agricultores em Sistemas Agrícolas Integrados (IFS) envolvendo a produção vegetal, pecuária, pesca, avicultura, silvicultura, suinicultura, sericultura, etc., de uma forma integrada. Estas empresas de modo integrado não só complementam o rendimento dos agricultores, como também permitem aumentar o emprego da mão-de-obra familiar. A prática do IFS promove uma utilização óptima dos recursos agrícolas. Neste sistema, os resíduos agrícolas são melhor reciclados como fonte de nutrientes e para a conservação da água. Uma combinação bem ponderada das empresas agrícolas acima referidas, adequada às condições agro-climáticas locais e ao estatuto socioeconómico dos agricultores, aumentará o rendimento dos agricultores.

8. Os pastos e pastagens devem ser estabelecidos em terrenos comuns, encostas de colinas, aterros de drenagem, etc.

9. A expansão da superfície das culturas hortícolas de elevado valor deve ser feita em zonas escolhidas com condições agro-climáticas e solos adequados. Podem ser promovidos frutos subtropicais ou mediterrânicos, como citrinos, romãs, toranjas, mangas, goiabas, groselhas, saportes, etc., bem como plantas medicinais e aromáticas.

10. Incorporação de culturas menos consumidoras de água, como forragens e forragens, no sistema de cultivo para melhorar a produtividade e a produção com menor consumo de água. Isto promoverá o conceito de mais culturas por gota, que constitui a base da gestão das bacias hidrográficas.

11.Importação de estirpes dos agricultores no local - informação específica sobre medidas de protecção das plantas, serviços de aconselhamento sobre culturas com base nas condições meteorológicas, gestão das culturas, informação sobre o mercado, regimes e programas governamentais.

12. A promoção da agricultura biológica e da certificação em frutas e produtos hortícolas de elevado valor, bem como de outras culturas adequadas, aumentará o rendimento dos agregados familiares na zona da bacia hidrográfica. Além disso, a promoção de uma melhor reciclagem dos resíduos agrícolas; a agricultura biológica reduzirá também o custo das despesas adicionais necessárias para os fertilizantes químicos e pesticidas. A agricultura biológica também aumentará a capacidade de retenção de água dos solos, melhorando o teor de matéria orgânica do solo. A agricultura biológica melhorará a saúde do solo, reforçando a actividade microbiana do solo.

Capítulo - 5 Efeito da irrigação no grão de bico e no sistema de cultivo intercalar de mostarda : Uma experiência de investigação no terreno

5.1 Introdução

A rega desempenha um papel crucial no aumento da produtividade dos sistemas de cultivo intercalar de mostarda e grão de bico. A irrigação tem uma grande influência no crescimento vegetativo e na acumulação de matéria seca da mostarda e do grão de bico de bico. A irrigação aplicada especialmente nas fases posteriores das culturas, como a pré-floração e o enchimento das vagens do grão de bico, tem uma maior influência no rendimento e na produção de matéria seca.

Além disso, a fim de aumentar a eficiência da utilização do solo e da produção vegetal, as culturas interculturais desempenham um papel fundamental na gestão eficiente das culturas. Os sistemas de cultura da mostarda e do grão de bico são um dos mais importantes sistemas de cultura viáveis para a parte norte da Índia, para garantir a segurança alimentar e nutricional, bem como para reduzir a dependência do país das importações de óleo comestível.

Por conseguinte, foi realizado um estudo de campo durante a época de regadio na exploração de investigação agronómica do Colégio Amar Singh (P.G), em Lakhaoti, para estudar o efeito dos diferentes níveis de irrigação e dos gradientes de fertilidade principalmente no rendimento, na produção de matéria seca e na absorção de nutrientes pelo grão de bico e mostarda e pelo sistema de cultura intercalar. A experiência foi realizada em split-plot design com três réplicas. Os tratamentos foram combinações de três sistemas de cultivo, a saber, a mostarda, o grão de bico e o grão de bico + mostarda entre culturas (relação 4:1) e quatro níveis de irrigação, a saber Sem irrigação, irrigação na primeira fase crítica do grão de bico (pré-floração), irrigação na segunda fase mais crítica do grão de bico (formação de vagens), combinação na primeira e segunda fases mais críticas do grão de bico (pré-floração e formação de vagens), em parcelas principais e três níveis de fertilidade, ou seja, 20 : 40 : 10 kg N, P & S/ha, 40 : 60 : 20 kg N, P & S/ha e dose recomendada de fertilizantes (FTR) 20-60-20 (N P & S) para ambas as culturas a aplicar em sub-parcelas. O sistema de cultivo não influenciou o DMP da mostarda, mas sim o grão de bico. A aplicação de duas regas (I3) registou a maior acumulação de matéria seca e a aplicação da dose recomendada de fertilizantes por superfície a ambas as culturas (F3) registou a maior matéria seca. De forma semelhante, também se observou influência na absorção de nutrientes e no rendimento. A cultura intercalar de grão de bico e mostarda na proporção de 4:1 foi significativamente superior em comparação com a cultura isolada de grão de bico ou de mostarda. Entre o grão de bico e a mostarda, o cultivo do grão de bico era melhor em comparação com o da mostarda. Quando existem duas irrigações, a sua aplicação durante as fases de pré-floração e de enchimento das vagens de grão de bico deu origem a um rendimento superior e a um rendimento equivalente de grão de bico. A aplicação de FTR (20 N: 60P2O5:20S kg/ha), com base na superfície, em ambas as culturas foi igualmente superior.

O grão de bico *(Cicerarietinum L.)* é uma importante cultura de leguminosas cultivadas em várias partes do mundo, abrangendo a Ásia, Austrália, Europa, América do Norte e América do Sul. A Índia é o maior produtor de grão de bico onde a cultura tem grande importância, especialmente para satisfazer a procura de proteínas da população vegetariana e restaurar a fertilidade do solo. O grão de bico é uma cultura líder no país, cultivada em 6,72 milhões de hectares, com uma produção anual de 5,47 milhões de toneladas e uma produtividade média de 815 kg/ha (FAI, 2006). Enquanto as culturas de leguminosas são cultivadas numa área de 22,76 milhões de hectares por ano, com uma produção de 13,13 milhões de toneladas e uma produtividade média de apenas 577 kg/ha (FAI, 2006). A nossa procura prevista de leguminosas é de 22,3-23,8 milhões de toneladas até 2020. Do mesmo modo, a colza e a mostarda (*Brassica juncea*) ocupa o segundo lugar na produção de óleo comestível do país, com uma área de 7,32 milhões de hectares e uma produção de 7,59 milhões de toneladas com uma produtividade média de 1038 kg/ha (FAI 2006). O grão-de-bico e a mostarda são geralmente cultivados em sistema de cultura de linguados e interprodutos nas principais zonas de cultivo do nosso país. No entanto, não foram feitos muitos esforços de investigação para aumentar a produtividade do sistema nesta região. Por conseguinte, foi realizada uma experiência com o objectivo de estudar os regimes de irrigação e o gradiente de fertilidade da produtividade das culturas de grão de bico e de mostarda e da sua cultura intercalar.

5.2 Materiais e métodos

As experiências de campo na Agronomy Research Farm, Amar Singh College, Lakhaoti , Bulandshahr, U.P., (2801'N, 770.1'E e 228.6 m MSL). O distrito de Bulandshahr goza de um clima subtropical, com Verão quente e seco, Inverno muito frio e chuvas moderadas a fortes (pluviosidade média anual de 652 mm, dos quais 84 % são recebidos da monção do sudoeste). Os solos eram de textura arenosa, bem drenados e de fertilidade média, com reacção ligeiramente alcalina (pH 7,4). Era pobre em carbono orgânico (0,33 %), médio em fósforo (24 kg/ha) e elevado em potássio (205 kg/ha). A experiência foi concebida em parcelas divididas com três réplicas. A parcela principal é constituída por dois factores: sistema de cultivo - mostarda (50 cm x 10 cm) (C1), solha de grão (25 cm x 5 cm) (C2) e grão de bico + mostarda (4:1 razão)(C3) e irrigação - sem irrigação (I0), irrigação na primeira fase crítica do grão de bico (pré-floração) (I1), irrigação na segunda fase mais crítica do grão de bico (formação de vagens) (I2) e irrigação na primeira e segunda fase mais crítica do grão de bico (I3). As subparcelas consistem em níveis de fertilização -(N: P: dose S em kg / ha) 20 : 40 : 10 kg (F1), 40 : 60 : 20 (F2) e dose recomendada de fertilizantes de grão de bico (RDF) 20 : 60 : 20 (F3), a aplicar nas duas culturas em linha. As variedades de ensaio foram "Avrodhi" (grão de bico) e "B-70" (mostarda). Os parâmetros de crescimento e rendimento, bem como as assimetrias, foram registados e analisados estatisticamente. O rendimento equivalente de grão de bico também foi trabalhado e analisado estatisticamente.

5.3 Resultados e discussão

5.3.1 GRÃO DE BICO

5.3.1.1 Produção de matéria seca

Os sistemas de cultivo tiveram um efeito variável na acumulação de matéria seca por planta no grão de bico. No primeiro ano, o grão de bico (C3) interproduzido registou uma acumulação de matéria seca significativamente mais elevada. Mas, no segundo ano, não se registou qualquer efeito significativo dos sistemas de cultura na acumulação de matéria seca. A acumulação de matéria seca foi mais elevada no grão de bico entre culturas (C2) do que no grão de bico (C1) (quadro 2). Tal pode dever-se a um espaço ligeiramente maior e a uma menor concorrência na cultura de grão de bico entre culturas, em comparação com o grão de bico de linguado. Os níveis de irrigação I3 no primeiro ano e I2 no segundo ano registaram uma acumulação de matéria seca significativamente mais elevada. A menor acumulação de matéria seca foi observada na ausência de irrigação (I0). O nível de fertilidade F3 registou uma acumulação de matéria seca significativamente mais elevada em comparação com F1.

Além disso, como a irrigação foi feita mais tarde na fase pré-floração e enchimento das vagens, não houve diferença na acumulação de matéria seca na fase inicial, contudo, em fases posteriores, os níveis de irrigação registaram uma maior acumulação de matéria seca em comparação com a ausência de irrigação (I0). Dado que a irrigação melhora o crescimento vegetativo, é óbvio que aumentou a acumulação de matéria seca em comparação com a ausência de irrigação. A dose recomendada de fertilizantes por superfície para ambas as culturas (F3) registou uma maior acumulação de matéria seca em comparação com outros níveis de fertilidade. É atribuída a uma maior disponibilidade de nutrientes de acordo com as suas necessidades, ao contrário de outros dois tratamentos, que não eram adequados para o grão de bico.

5.3.1.2 Absorção total de nutrientes

Não houve influência significativa na absorção total de N pelo grão de bico pelos sistemas de cultivo em ambos os anos de estudo. A absorção total de P foi significativamente mais elevada no primeiro ano no grão de bico (C2), em comparação com o grão de bico interprofissional (C3) (quadro 2). No segundo ano, os dois sistemas de cultura estavam ao mesmo nível um do outro. A tendência foi semelhante à do consumo total de P devido aos sistemas de cultura. A absorção total de N não foi significativamente influenciada pelos sistemas de cultura em ambos os anos de estudo. Isto pode ser atribuído a um teor semelhante de N em sementes e fetos, tanto nos sistemas de cultura como no rendimento estatisticamente semelhante de sementes e fetos, em ambos os sistemas de cultura. A população ligeiramente menor não afectou a produção de sementes e de caules, o que, associado a um teor semelhante de N nas sementes e nos caules, resultou na absorção de N pelos dois sistemas de cultura. No entanto, a absorção de P e S foi ligeiramente superior na cultura de grão de bico, em comparação com a de grão de bico entre culturas. Tal pode ser atribuído a teores ligeiramente superiores de P e S e também a um rendimento ligeiramente superior de sementes e de fetos na cultura de sola de grão de bico. No seu conjunto, todas estas culturas registaram teores de P e S   mais elevados na cultura de linguado de grão de bico em comparação com o grão de bico cultivado com culturas intercaladas (C2).

Entre os níveis de irrigação, as duas irrigações nas fases de pré-floração e enchimento do grão de bico (I3) registaram uma absorção total de N, P e S significativamente mais elevada em ambos os anos, em comparação com o resto dos tratamentos. Enquanto que a menor absorção total de N, P e S foi observada na ausência de irrigação (I0). A maior absorção total de N, P e S foi observada na dose recomendada de fertilizantes por área para ambas as culturas (F3) seguida de 40:60:20 kg N:P2O5 :S /ha (F2). A menor absorção total de N, P e S foi observada em 20:40:10 kg N:P2O5 :S /ha (F1). Os níveis de irrigação e a dose recomendada de fertilizantes por superfície para ambas as culturas (F3) também registaram uma absorção de N, P e S mais elevada devido ao maior teor destes nutrientes nas sementes e no fogão. Além disso, a maior produção de sementes e de fumeiros nestes tratamentos, associada a um maior teor de N, P e S, registou uma maior absorção destes nutrientes em comparação com a ausência de irrigação (I0) e níveis mais baixos, respectivamente, 40:60:20 kg N:P2O5 :S /ha (F2) e 20:40:10 kg N:P2O5 :S /ha (F1). Como os níveis de irrigação e os níveis óptimos de nutrientes resultam em maior crescimento vegetativo, maior teor de nutrientes e, subsequentemente, maiores parâmetros de produção e rendimento, isto acabará por resultar numa maior absorção total de N, P e S nestes tratamentos.

5.3.1.2 Rendimento

O rendimento das sementes não foi significativamente afectado pelos sistemas de cultivo. E tanto o grão de bico (C2) como o grão de bico interfolhado (C3) registaram um rendimento ao mesmo nível um do outro. Entre os níveis de irrigação, duas irrigações nas fases de pré-floração e enchimento da vagem do grão de bico (I3) registaram um rendimento de sementes significativamente superior em comparação com todos os outros tratamentos. A irrigação na fase de pré-floração do grão de bico (I1) e a irrigação na fase de enchimento da vagem do grão de bico (I2), que são iguais entre si, registaram um rendimento significativamente mais elevado em comparação com a ausência de irrigação (I0). Ahlawatet *al.* (2005) referiu que a irrigação frequente era útil para aumentar o rendimento de sementes de grão de bico e que poderia dever-se a uma maior absorção de nutrientes devido a duas irrigações. A dose recomendada de fertilizantes por superfície para ambas as culturas (F3) foi de 40:60:20 kg N: P2O5 : S /ha (F2) registou um rendimento de sementes significativamente superior a 20:40:10 kg N:P2O5 : S /ha (F1) em ambos os anos de estudo. Chand *et al.* (2005) também registaram um rendimento mais elevado devido aos níveis de nutrientes. O rendimento das sementes não foi significativamente afectado pelos sistemas de cultivo. O menor número de plantas no grão de bico entre culturas (C2) foi compensado pelos melhores atributos de crescimento e rendimento.

Os resultados do inquérito revelaram que o sistema de cultivo entre culturas de grão de bico e mostarda na proporção de 4:1 é significativamente superior em comparação com as culturas isoladas de grão de bico ou de mostarda (quadro 3). O estudo comparativo do grão-de-bico e da mostarda indicou que a cultura do grão-de-bico é melhor em comparação com a da mostarda. Se existirem duas irrigações, a sua aplicação durante a pré-floração e a fase de enchimento da vagem do grão de bico resultará num rendimento mais elevado. A aplicação da dose recomendada de fertilizantes por superfície a ambas as culturas será superior em comparação com 20:40:10 kg N:P2O5 :S /ha ou 40:60:20 kg N:P2O5 :S /ha.

5.3.2. MUSTARD

5.3.2.1 Produção de matéria seca

A acumulação de matéria seca na mostarda aquando da colheita não foi significativamente afectada pelos sistemas de cultivo em ambos os anos de experimentação. Tal pode explicar-se pelo facto de os sistemas de cultura não terem exercido qualquer pressão sobre a expressão do crescimento normal da cultura no sistema de cultura entre culturas. Também a mostarda cultivada entre culturas (C3) não teve qualquer benefício adicional em termos de espaço disponível. Assim, não se observou uma acumulação de matéria seca variável devido aos sistemas de cultura. Observações semelhantes foram também relatadas por Meena (1985) e Singh *et al.* (1997). A irrigação exortou a um efeito significativo sobre o DMP na colheita. A aplicação de duas irrigações (I3) registou a maior acumulação de matéria seca. Foi seguida de perto pela aplicação de uma irrigação na fase de enchimento da vagem do grão de bico no primeiro ano e na fase pré-floração do grão de bico no segundo ano. Em ambos os anos, a ausência de irrigação registou a menor acumulação de matéria seca entre todos os níveis de irrigação. A aplicação da dose recomendada de fertilizantes por superfície a ambas as culturas (F3) registou a maior acumulação de matéria seca. Seguiu-se 40:60:20 kg N:P2O5 :S /ha (F2)e a menor acumulação de matéria seca foi observada em 20:40:10 kg N:P2O5 :S /ha (F1) em ambos os anos de experimentação (quadro 1).

5.3.2.2 Absorção total de nutrientes

A única mostarda (C1) registou uma utilização significativamente mais elevada de N, P e S em comparação com a mostarda interpolada (C3) nos dois anos de experimentação. A absorção de nutrientes é função do teor de nutrientes e da produção total de biomassa, a variabilidade da absorção de nutrientes pode ser observada com variabilidade em qualquer um destes dois factores. Embora o teor de N e S nas sementes e no caule tenha sido igual em ambos os sistemas de cultura, devido ao maior rendimento de sementes e de caules registado, a absorção total de N foi significativamente mais elevada na mostarda isolada (C1) do que na mostarda cultivada entre culturas (C3). Além disso, embora não se tenha registado um teor mais elevado de P nas sementes, foi suficiente para aumentar a absorção total de P pela mostarda cultivada entre culturas (C3) em comparação com a mostarda isolada (C1), devido ao aumento da população vegetal e ao maior rendimento em C1 (quadro 1). A Ghadgeet *al.* (2005) registou igualmente os teores mais elevados de S, P e N na semente e na palha, devido aos níveis de fertilidade e de irrigação.

Do mesmo modo, os níveis de irrigação tiveram também um impacto significativo na absorção total de N, P e S. No primeiro ano, uma irrigação na fase de enchimento das vagens de grão de bico (I2) e duas irrigações nas fases de pré-floração e enchimento das vagens de grão de bico (I3) registaram uma absorção total de N significativamente superior em comparação com uma irrigação na fase de pré-floração do grão de bico (I1), que, por sua vez, registou uma absorção total de N significativamente superior em comparação com a ausência de irrigação (I0). No entanto, no segundo ano, todos os níveis de irrigação (I1, I2 e I3), em igualdade de circunstâncias, registaram uma absorção total de azoto significativamente mais elevada em comparação com I0. A absorção total de P também seguiu a tendência semelhante à da absorção total de N em ambos os anos. A taxa de absorção total S foi mais elevada em I3 e foi seguida de perto por I2. No entanto, todos os níveis de irrigação (I1, I2 e I3) registaram uma absorção total S significativamente mais elevada em comparação com a ausência de irrigação (I0). A absorção total de N, P e S foi significativamente mais elevada em F3 do que em F2 e F2 foi significativamente superior a F1 em ambos os anos de experimentação. Os níveis de irrigação registaram níveis mais elevados de N, P e S nas sementes e, por conseguinte, registaram uma maior absorção destes nutrientes. Como o aumento dos níveis de irrigação e nutrientes aumentou significativamente a produção de sementes, mesmo com teores semelhantes destes nutrientes no engaço e na produção de talos, observou-se uma maior absorção na irrigação em comparação com a ausência de irrigação (I0) e 20:40:10 kg N:P2O5 :S /ha (F1) que foi a dose de nutrientes mais baixa aplicada em comparação com outros níveis.

5.3.2.3Yield

A produção de sementes de mostarda foi significativamente afectada por todos os tratamentos experimentados. Entre a mostarda isolada (C1) e a mostarda interfolhada (C3), a mostarda isolada (C1) registou um rendimento de sementes significativamente superior ao da mostarda interfolhada (C3). A diminuição do rendimento da mostarda interpolada foi de 58,9 e 60,0% no primeiro e segundo anos, respectivamente, em comparação com a mostarda de cultura única. Os níveis de irrigação tiveram também um impacto significativo no rendimento de sementes de mostarda. Uma irrigação na fase pré-floração do grão de bico (I1), uma irrigação na fase de enchimento da vagem do grão de bico (I2) e duas irrigações nas fases pré-floração e enchimento da vagem do grão de bico (I3) registaram um aumento do rendimento de sementes de 4,7%, 12,2% e 11,3% no primeiro ano e 8,24%, 12,15% e 15,05% no segundo ano, respectivamente. As fases I3 e I2, em igualdade de circunstâncias, registaram um rendimento significativamente superior em relação às fases I1 e I0, as quais, por sua vez, se distinguiram significativamente uma da outra. A aplicação da dose recomendada de fertilizantes por superfície às duas culturas (F3) registou um rendimento de sementes significativamente superior a 40:60:20 kg N: P2O5:S /ha (F2) e, por sua vez, registou um rendimento significativamente superior a 20:40:10 kg N:P2O5:S /ha (F1). O quantum de aumento do rendimento de sementes devido a F2 e F3 em relação a F1 foi de 10,6% e 16,6% no primeiro ano e 9,73% e 20,31% no segundo ano, respectivamente (Quadro 3).

5.4 Referências

Ahlawat, I.P.S., Gangaiah, B. e Singh, O. 2005. Necessidade de irrigação em grama (*Cicerarietinum*)+ sistema de cultivo intercalar de mostarda indiana (*Brassica juncea*). *Indian Journal of Agricultural Sciences*75(1): 23-26.

Chand, S. e Tripathi, A.K. 2005. Efeito da fertilização com fósforo no rendimento, qualidade, absorção de nutrientes e energética do grão de bico + mostarda indiana em sistemas de cultura intercalar. Haryana Journal of Agronomy 21(2): 164-168.

FAI 2006. *Fertiliser Statistics*, Fertiliser Association of India, Nova Deli.Pp 66, 93.

Ghadge, D.K., Hamid, A., Sajid, M., Kharche, P.V. e Jiotode, D.J. 2005.Efeito da irrigação, do fósforo e do enxofre na absorção e disponibilidade de enxofre, azoto e fósforo na mostarda *(Brassica juncea)*. *Crop Research* 29(2). 192-197.

Meena, S.L. 1985. Estudos sobre a gestão do azoto em sistemas de cultura intercalar de mostarda-chickpea em condições de pluviosidade. Tese de doutoramento, IARI, Nova Deli.

Singh, M., Singh, H.B. e Giri, G. 1997. Acumulação de matéria seca e absorção de N e P pela mostarda e pelo grão de bico, influenciados pelo cruzamento de culturas e níveis de N e P. *Annals of Agricultural Research*18 (2): 135-142.

Quadro 1. Efeito dos sistemas de cultivo, irrigação e níveis de fertilidade na produção de matéria seca (DMP) na colheita e absorção total de N, P e S pela mostarda (kg/ha)

Tratamento	2005-06				2006-07			
	DMP (g/planta)	N	P	S	DMP (g/planta)	N	P	S
Sistemas de cultivo								
Mostarda única	12.82	44.96	14.40	7.00	12.86	48.97	15.68	7.49
Grão-de-bico+mostarda (4:1)	13.63	43.74	13.68	6.71	13.12	48.76	15.66	7.33
CD a 5%	0.55	NS	0.59	0.28	NS	NS	NS	NS
Níveis de rega								
Sem irrigação	11.68	36.54	11.92	5.75	12.24	36.60	12.07	5.68
Irrigação na pré-floração	13.05	43.42	13.95	6.75	13.51	50.42	16.72	7.71
Irrigação na formação de cápsulas	13.59	46.22	14.55	7.25	12.87	52.12	16.47	7.94
Irrigações na pré-floração + formação de cápsulas	14.57	51.22	15.73	7.67	13.35	56.31	17.43	8.31
CD a 5%	0.78	2.69	0.83	0.40	0.42	2.96	1.10	0.39
Níveis de fertilidade								
N20 P40 S10	12.64	40.50	12.91	6.06	12.76	46.11	14.78	6.82
N40 P60 S20	13.52	45.38	14.25	6.98	12.88	49.09	15.77	7.40
N20 P60 S20	13.52	47.18	14.96	7.53	13.33	51.39	16.46	8.01
CD a 5%	0.47	1.52	0.53	0.28	0.30	2.28	0.77	0.33

DMP = Produção de matéria seca

Quadro 2. Produção de matéria seca (DMP) na colheita e absorção total de N, P e S pelo grão de bico (kg/ha) influenciada pelos sistemas de cultivo, regimes de irrigação e gradientes de fertilidade

Tratamento	Rendimento das sementes de mostarda		Rendimento de sementes de grão de bico	
	2005-06	2006-07	2005-06	2006-07
Sistemas de cultivo				
Mostarda única	1487.2	1512.7	1063.78	1203.10
Grão-de-bico+mostarda (4:1)	610.5	605.3	1043.19	1195.36
CD a 5%	0.27	0.27	NS	
Níveis de rega				
Sem irrigação	979.8	972.8	876.94	906.81
Irrigação na pré-floração	1026.1	1053	1030.61	1231.78
Irrigação na formação de cápsulas	1099.4	1091	1088.40	1270.50
Irrigações na pré-floração + formação de cápsulas	1090.1	1119.2	1217.97	1387.83
CD a 5%	0.38	0.38	60.55	60.72
Níveis de fertilidade				
N20 P40 S10	961.5	962.6	980.82	1158.07
N40 P60 S20	1063.8	1056.3	1073.25	1204.69
N20 P60 S20	1121.2	1158.1	1106.38	1234.93
CD a 5%	0.19	0.31	35.75	50.21

Quadro 3. Rendimento de mostarda e grão de bico de bico influenciado pelo sistema de cultivo, regimes de irrigação e gradientes de fertilidade

Tratamento	2005-06				2006-07			
	DMP (g/planta)	N	P	S	DMP (g/planta)	N	P	S
Sistemas de cultivo								
Mostarda única	62.88	76.88	12.37	22.73	64.15	75.53	12.27	22.20
Grão-de-bico + mostarda(4:1)	63.87	31.57	5.07	9.26	63.38	30.25	4.90	8.97
CD a 5%	NS	1.39	0.14	0.31	NS	2.28	0.29	0.57
Níveis de rega								
Sem irrigação	60.78	50.51	8.37	15.45	60.37	47.86	8.05	14.78
Irrigação na pré-floração	63.23	53.27	8.71	15.90	64.61	53.72	8.83	15.83
Irrigação na formação de cápsulas	64.77	56.74	8.85	16.15	65.20	54.16	8.60	15.60
Irrigações na pré-floração + formação de cápsulas	64.73	56.38	8.94	16.49	64.88	55.82	8.86	16.13
CD a 5%	2.47	1.97	0.20	0.44	2.37	3.22	0.42	0.81
Níveis de fertilidade								
N20 P40 S10	58.33	48.35	8.26	15.19	59.76	47.20	7.95	14.74
N40 P60 S20	63.37	55.12	8.77	16.20	63.17	52.66	8.59	15.60
N20 P60 S20	68.43	59.21	9.13	16.61	68.37	58.80	9.21	16.41
CD a 5%	1.46	1.09	0.09	0.20	1.36	2.24	0.26	0.38

REFERÊNCIAS

1. MICHEL, A.M., **Irrigação-Teoria e Prática**.Vikas Publishing House, Nova Deli.

2. VAUGHAN E. HANSEN, ORSON W. ISRAELSEN e GLEN E. STRIGHAM, **Princípios e Práticas de Rega**. John Wiley e filhos, Inc.

3. LENKA, D., **Irrigação e Drenagem**. Kalyani Publishers, Ludhiana, Índia.

4. WIDTOSE, J.A., **Práticas de Irrigação**. Agribios (Índia), Jodhpur, Índia.

5. HECTOR M. MALANO, AND PAUL J.M. VAN HOFWEGAN, **Management of Irrigation and Drainage Systems A Service Approach**. Balkema Publishers, EUA.

6. ANÓNIMO. **Medição de água de rega.** National Engineering Handbook, U.S. Dept. of Agriculture, Washington, D.C.

7. MICHAEL, A.M., ARORA, D.R., BHATTACHARYA, A.K., MANDAL, A. e GUPTA, A.K. **Handbook of irrigation structures.** Instituto Indiano de Investigação Agrícola, Nova Deli.

8. PRETO, C.A. **Relação Solo-Planta**. John Wiley and Sons, Nova Iorque.

9. BLANEY, H.F. e CRIDDLE, W.D. **Determinação das necessidades de água nas zonas irrigadas a partir de dados climatológicos e de regadio.** Departamento de Agricultura dos EUA.

10. BUSKINGHAM, E. **Estudos sobre o movimento da humidade do solo.** Departamento de Agricultura dos Estados Unidos da América.

11. DAKSHINAMURTHY, C., MICHAEL, A.M. e MOHAN, S. **Recursos hídricos na Índia e sua utilização na agricultura.**

12. ASLYNG, H.C. **Terminologia da Física dos Solos**. Int. Soc. Ciências dos Solos. Bull. 23

13. BAVEL, C.H.M., NIXON, P.R. e HANSER, V.L. **Medição da humidade do solo com método de neutrões**. U. S. Dept. de Agricultura ARS.

14. BLACK C.A. **Relação Solo-Planta**. John Wiley and Sons, Nova Iorque.

15. BLANEY, H.F. e CRIDDLE, W.D. **Determinação das necessidades de água em áreas irrigadas a partir de dados climatológicos e de irrigação.** Departamento de Agricultura dos EUA.

16. CHANG JEN-HU. **Climate and Agriculture - An Ecological Survey (Clima e Agricultura - Inquérito Ecológico).** Aldine Publishing Co., Chicago.

17. CHRISTIANSEN, J.E. **Estimativa da evaporação e evapotranspiração da panela a partir de dados climáticos.** Irrigação e Drenagem Conf., Las Vegas, Nevada, E.U.A.

18. BOERS, TH M, AND BEN-ASHER, J. **A review of rainwater harvesting.** Em Agric. Water Management.

19. ARNON, I., **Produção vegetal nas regiões secas.** Vol. 1. Leonard Hill, Londres.

20. BALSUBRAMANIYAN, P. e PALANIYAPPAN, S.P., **Principles and Practices of Agronomy.** Agribios (Índia), Jodhpur.

21. REDDY, G.H.S., **Principles of Agronomy (Princípios da Agronomia).** Kalyani Publications, Nova Deli.

22. BRENGLE, M. **Principles and Practices of Dry land farming (Princípios e Práticas da Agricultura em Terra Seca).** Colarado Associated University Press, Colarado.

23. ICRISAT. **Drought Research - Priorities for Dry Tropics** (Bindiger, F.R. and Johnnsen, C. Ed.), Centro ICRISAT, Índia.

24. REDDY G.H.S.,e REDDY, S. **Principles of Agronomy.** Kalyani Publications, Nova Deli.

25. MALIWAL. **Princípios da Agronomia.** Nova Deli.

Sites de referência

26. www.icrisat.org

27. www.usda.gov

28. www.fao.org

29. www.icar.org.in

30. www.crida.ernet.in

31. www.iwmi.cgiar.org

32. www.rainwaterharvesting.org/rural/Traditional3.htm

33. www.rainwaterharvesting.org/methods/modern/index.htm